U0333865

中国起源地文化志系列丛书

中国葫芦文化

ZHONGGUO HULU WENHUA

天津·宝坻卷

刘德伟 李竞生 编著

起源地文化传播中心 天津市宝坻区文化和旅游局

知识产权出版社
全国百佳图书出版单位
—北京—

图书在版编目（CIP）数据

中国葫芦文化．天津宝坻卷 / 刘德伟，李竞生编著 .—北京 : 知识产权出版社，2021.7
ISBN 978-7-5130-7570-1

Ⅰ .①中⋯　Ⅱ .①刘⋯②李⋯　Ⅲ .①葫芦科—文化研究—中国　Ⅳ .① S642

中国版本图书馆 CIP 数据核字（2021）第 119968 号

责任编辑：宋　云　王颖超　　　　　责任校对：谷　洋
文字编辑：卢文宇　　　　　　　　　责任印制：刘译文

中国葫芦文化 · 天津宝坻卷

刘德伟　李竞生　编著

出版发行：知识产权出版社 有限责任公司		网　　址：http : //www.ipph.cn	
社　　址：北京市海淀区气象路 50 号院		邮　　编：100081	
责编电话：010-82000860 转 8388		责编邮箱：songyun@cnipr.com	
发行电话：010-82000860 转 8101/8102		发行传真：010-82000893/82005070/82000270	
印　　刷：三河市国英印务有限公司		经　　销：各大网上书店、新华书店及相关专业书店	
开　　本：720mm × 1000mm　1/16		印　　张：10.75	
版　　次：2021 年 7 月第 1 版		印　　次：2021 年 7 月第 1 次印刷	
字　　数：120 千字		定　　价：68.00 元	
ISBN 978-7-5130-7570-1			

主编简介

　　刘德伟，毕业于北京大学哲学系。现任中国文联民间文艺艺术中心副主任、编审，上海大学特聘教授。曾任《民间文化论坛》杂志社社长兼主编，中国民间文化遗产抢救保护中心主任，中国民间文艺家协会理事，中国文艺评论家协会理事，中国大众文化学会理事。近年主要承担非物质文化遗产抢救保护和理论研究、中国民协专业委员会建设管理、中国民间文化艺术之乡建设管理、民间文艺创作和培训、民间文艺志愿服务等工作。承担民间文化遗产抢救工程相关出版工作的选题策划、编辑审核、田野调查等工作。组织编撰《中国民间故事全书》《中国民间故事丛书》《中国民间文化艺术之乡丛书》《中国木版年画集成》《中国民间文化杰出传承人》《中国蓝印花布文化档案》《中国历史文化名城·名镇·名村丛书》《中国传统村落立档调查图典》等。在相关报刊发表新闻作品、学术论文和田野调查报告多篇，著有个人文集《享受台风》。

李竞生，毕业于北京大学，现任中国民协中国起源地文化研究中心执行主任、中国西促会起源地文化发展研究工作委员会主任、起源地城市规划设计院院长、起源地文化传播中心主任，中国民间文艺家协会会员。兼任北京大学科技园创业导师，宁夏回族自治区中宁县人民政府、河北省宽城满族自治县人民政府、山西省长子县人民政府等文化产业顾问。入选 2017 年、2018 年、2019 年中国文化产业年度人物 100 名候选人名单。主要研究领域为起源地文化、文化创意、文化产业、文化旅游、知识产权、品牌策划、品牌管理等。主要作品有《中国起源地文化志系列丛书》《中国起源地名录》《蒙学十三经》《蒙学五经》《满族文化美食四十九道馔》等。

宝坻风光（宝坻区文化和旅游局供图）

宝坻风光（宝坻区文化和旅游局供图）

葫芦小镇（葫芦庐小镇供图）

葫芦育苗（唐磊　摄）

葫芦种植区（葫芦庐小镇供图）

范制葫芦"八不正"（唐磊　摄）

范制葫芦（唐磊　摄）

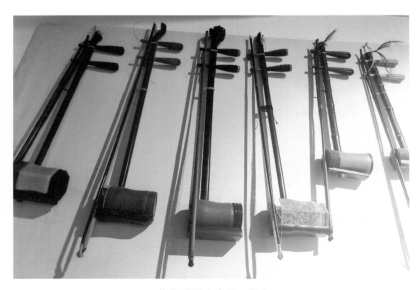

葫芦乐器（唐磊　摄）

葫芦市集（葫芦庐小镇供图）

葫芦撞子（葫芦庐小镇供图）

挑选范制葫芦（葫芦庐小镇供图）

青少年走进中国葫芦博物馆（葫芦庐小镇供图）

中国葫芦文化重要起源地研究课题组专家调研葫芦文化（唐磊　摄）

中国葫芦文化重要起源地研究课题开题研讨会合影（唐磊　摄）

中国葫芦文化重要起源地研究课题组专家在宝坻调研（唐磊　摄）

中国葫芦文化重要起源地研究课题研讨论证会合影（唐磊　摄）

序一
欲流之远者，必浚其泉源

万事万物皆有源。

每一项历史存在的来龙去脉缘聚缘散，都不是简单的花落花开云去云来，而是蕴含着复杂的因果必然。

那个"我从哪里来？"的亘古命题，至今仍有诸多谜团有待破解。今天，人类总是在不断发现中不断接近自我的本来真相。研究起源文化正是要揭开一个个神秘的历史悬案的面纱。

源头起点蕴含着丰沛的源动力。从源头中汲取智慧的营养，把握事态的端倪和变化发展的轨迹，透彻地观照历史走向的规律，可以更好应对现实要求和社会变迁。

"往古者，所以知今也"，一个民族要敬仰自己的先贤，敬畏自己的历史，要记住和珍视自己从哪里来。不知道从哪里来，就不知道向哪里去，不了解自己的历史，就无法面向未来。

中国人素有认祖归宗的文化传统和追根溯源的民族特

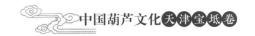

质。这是我们这个古老民族的美德和智慧，也是中华文明几千年薪火相传文脉不断的根本缘由。

一片能够孕育出文明的土地，就像是一个有着鲜活生命的机体存在，自有其精神灵性的飞动，如同一个有着时间与空间的历史孵化器，成为这一地域人类文化的生命摇篮。

每个地域都会生长出自己的精神，从而造就出这里的人的独特个性气质，成为这里人的族群的生命之花朵的陈酿。

每当一种文化诞生后，都会带着一根隐形的剪不断的脐带，那就是与他生死相连的源自起源地特有的血缘基因，并会终生都鲜明地体现出文化的籍贯与烙印，以及永远都抹不掉的胎记，成为一条不竭的文化脉动。

所谓"以古为鉴，可以知兴替"，历史是过去的现实，起源是历史的发端，所有现实的飞舞，都是历史的化蝶。起源的活水在，历史就是活着的；历史是活着的，现实就仍会生发着勃勃生机。

"问渠那得清如许，为有源头活水来"，对于那些已然消逝的过去和模糊的曾经，无论是盛世荣光还是乱世哀鸣，都有着必然的历史规律，挖掘出掩埋在古老时光中的那些宝贵的成因以及经验和规律，以之馈赠给今天的人们，无疑有着重要的价值和意义。因此找到和知道源头尤为重要。

中国人历来以自己有悠久的历史和光辉的古代文明而感到自豪。但这个文明究竟是什么时候起源的，在世界文明史上又占有什么地位，以前我们很少深究。

对起源地文化的探究，会让一个民族寻回自身的文化基因，从文化中获得警示，从文化中汲取力量，从民族根性文化和起源地文化之中去挖掘原生的动力和潜力，而后则能够得到再创造、再发现、再前进的源发性活力与动力。

欧洲文艺复兴时期，知识精英们回望了先祖的文化，他们回到了古希腊、古罗马，去汲取他们的祖先给予的力量，从而开创了欧洲文化的新纪元，也实现了人类文明的新发展。今天的中国何尝不是进入到了这样的一个新时代呢，是不是也应该酝酿和亟须一次来自亘古动力的伟大复兴呢？

在文化面前我们应该是卑躬的；在起源面前我们应该是敬重的。探寻起源文化需怀有一颗敬畏之心，毕恭毕敬地弯下腰来，沉下心来，轻轻地拂去时间的落垢尘埃，掬手映月，小心翼翼地触摸和捧奉，屏声敛气走进历史的地下层、文化的深水区，钩沉出诗意的碎片，打捞上史剧的绝响。

世事沧桑，弹指千年。或许人类对远古文明的起源记忆和线索，很难从文书典籍或书本课堂里获得，只有走出书斋深入生活，走进民间去洞悉那些来自农家的土炕上、乡村的田野里，以及源自遥远的历史进程中带着泥土气息和乡音的传说和故事里去探寻和挖掘。

"礼失求诸野"。当我们以科学的态度去探索和诠释那些无法触及、很难追溯、不可思议的古老文明时，你会发现有一条民间的线索仍在延伸着，传承着，诉说着与此相关的，具有鲜活生命印记的许多优美传说。而这些都可以作为我们探寻起源地文化的佐证。

《中国起源地文化志系列丛书》在田野调查、文字记录、图片拍摄和音频视频等信息采集及查阅大量史料的基础上，形成了以中国起源地文化研究课题的成果，力求紧扣区域特色，彰显民族民间文化多样性，多维度、多向度、全方位、全景观地展现起源地文化风貌，以及新时代人文精神的宏大

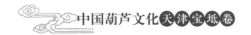
历史背景和微观叙事的再现。以客观、科学、理性的态度记录、梳理、传承、发展、传播各物质、非物质文化的起源。

　　找到了一种物质文明和非物质文明的起源，无异于获得了一把打开和解读这种物质世界和精神世界的钥匙。

　　"欲流之远者，必浚其泉源"。探明文化的积淀"库存"，开掘文化的富矿资源，用好文化的起源活水，激发文化的凝心聚力、成风化人的独特作用。我们就一定可以发时代之先声、开社会之先风、启智慧之先河，让古老的文化促进当代社会的变革前进和国家的兴旺发展。功莫大焉。

二〇二〇年十月

问渠那得清如许，为有源头活水来。

中华文明源远流长，翘楚世界，建今日之中国，必承往日之中国。

鉴此，我们郑重宣告：

克承传统，广大传统，取精华、涤糟粕、融时代，为终生奋斗之事业。

筚路蓝缕，不绝清音。

上溯三皇五帝，历代高贤大德，莫不以修齐治平立命，虽百死不赎其志。

故中华民族之时代精神，即社会主义核心价值观。

民为国本，德为人本，廉为官本，公为治本。

溯本求源，本末兼之，方为上善。

文以载道，任重而道远。

温文尔雅，不坠泱泱礼仪之邦。

三人成众，双木成林。

风成化习，果行育德，斯文大盛。
期待同道，与我同袍；
期待同泽，与我偕行！

罗杨

二〇一四年十二月

　　葫芦者，福禄也。葫芦，谐音"福禄"，是中国优秀传统文化的重要组成部分，是中国吉祥文化的象征和代表，是中华民族物质文明和精神文明的结晶，并以独特的方式彰显着中华优秀传统文化的魅力。季羡林在对刘尧汉先生所著文章《论中华葫芦文化》的评述中提到，"我国民族确属兄弟民族，具有共同的原始葫芦文化传统"。葫芦外形柔和圆润、线条流畅，上下球体浑然天成，符合"尚和合""求大同"的理念。"左瓢右瓢，可盛千百福禄；大肚小肚，能容天下万物"，葫芦集民间文化、吉祥文化、绘画艺术等文化形式于一身，其蕴含着的幸福、吉祥、平安、和谐、多子、福寿等美好寓意，连接起中国与世界，也连接起了过去、现在与未来。

　　范制葫芦是最早的葫芦艺术，关于范制葫芦，唐人王旻《山居录》这样描述，"若须为器，以模盛之，随人所好"，其意就是用模子套在葫芦上，就能长成人们所需要的器物，充分表达了人与范制葫芦之间的密切关系。

为进一步挖掘葫芦文化、范制葫芦文化的历史内涵和时代意义，讲好中国葫芦文化、范制葫芦文化故事，2018年10月，天津市宝坻区文化和旅游局与起源地文化传播中心共同成立了中国葫芦文化重要起源地研究课题组，充分借鉴社会各界的研究成果，继承传统，开拓创新，专门对葫芦文化、范制葫芦文化进行了系统性梳理。

《中国起源地文化志系列丛书》之《中国葫芦文化·天津宝坻卷》基于中国葫芦文化重要起源地研究课题成果，结合《中国起源地文化志系列丛书编纂出版规范》进行系统梳理，主要以葫芦文化、范制葫芦文化在天津宝坻的发展历史及现状为基础，将葫芦文化、范制葫芦文化发展脉络、地理环境、时空传播、资源特色、民俗特征、产业发展等进行系统挖掘整理，以葫芦文化与范制葫芦文化起源、发展、演变为核心，通过开展田野考察、民俗文化、文字记载史、口述史等综合分析，形成重要成果。

文化传承、创新发展是葫芦文化、范制葫芦文化的重要精神内核，其倡导的爱国、爱家、爱民、爱自然、爱和平、尊重历史、尊重发展、尊重创新、天人合一、和谐共生的理念与人类命运共同体等理念产生了强烈共鸣。未来，我们将继续深化葫芦文化、范制葫芦文化在全国、全球乃至区域文化、经济交流中所起到的积极作用，凝聚全球葫芦文化产业和各界人士的共识，强化葫芦文化、范制葫芦文化的精神纽带作用，展示新时代和平中国、天下一家的负责任的大国形象，推进"一带一路"沿线国家和地区的民心交融，让葫芦文化、范制葫芦文化在人类文明交流互鉴中发挥出新的纽带作用。

目 录 >>>

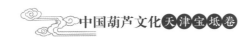

第一章
葫芦文化的起源

　　自古以来，葫芦便在我国各地区被广泛种植。葫芦以其独有的清新自然的口味、极高的营养价值与五花八门的日用功能滋养着神州大地上的芸芸众生，其圆润可爱的外观、吉祥的谐音也与中华民族对"和谐圆满""福禄万代"等美好的祈求相契合。因此，人们对葫芦也毫不吝惜溢美之词，无论是在古籍经典中，还是在民间神话传说中，都不乏葫芦的身影。葫芦早已不只是一种普通的植物或是日用品材料，而是作为一种文化现象，融汇在中华民族的血液脉搏之中，影响着人们的为人处世之道。

　　人们喜爱葫芦，在将葫芦作为食品与日用品之余，充分挖掘葫芦的价值，研究出丰富多彩、精美绝伦的葫芦工艺，并将其一代一代传承延续下去，直至今日。

　　谈及中国葫芦文化，便绕不开作为葫芦文化重要起源地的天津宝坻。天津宝坻，近年来因交通便利、毗邻首都北京而备受瞩目。殊不知，如今朝着现代化大步迈进的宝坻也有

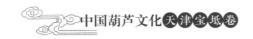

着深厚的文化底蕴，比较具代表性的便是葫芦文化。宝坻有着悠久的种植葫芦、使用葫芦的历史，而且近代以来，宝坻因地域之便成为以范制葫芦为代表的葫芦工艺传承发展的重要阵地。因此，天津宝坻是中国葫芦文化的重要起源地，也是范制葫芦文化的重要起源地。以范制葫芦为代表的葫芦工艺是天津宝坻的一张重要名片。

经济高速发展的今日，人们习惯于步履匆匆，对文化的发展往往是忽视的，更难以像古人一样，在一饮一食的器具上，在精致典雅的虫具中贯彻对美的探索与追求。然而，无论人们关注与否，昔日"一箪食，一瓢饮"的精神追寻一直在数千年来传承不断的葫芦文化之中熠熠生辉。

第一节　葫芦在古典文化中的起源地文化探究

一、葫芦的相关古籍记载

最早发现有关葫芦的文字记载出现在甲骨文中。据古文字学家考证，甲骨文中已有像葫芦之形的"壶"字。

在我国第一部诗歌总集《诗经》中，有不少关于葫芦的诗句，如《诗·邶风·匏有苦叶》中有"匏有苦叶，济有深涉"，三国时期的陆机曾对诗句作出解释："匏叶少时可为羹，又可淹煮，极美，至八月叶即苦。"《诗·豳风·七月》有"七月食瓜，八月断壶"，这里的壶，即瓠子以及一切葫芦科果实，乡间一般笼统称为葫芦。乡间的乐趣，无外乎农

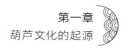

闲时聚在廊荫下吃些应时瓜果，扭下老了的葫芦以作日用品及装饰。《诗·卫风·硕人》云"领如蝤蛴，齿如瓠犀"。瓠犀，指的是葫芦籽，其整齐的排列正如美人微微一笑时显露的皓齿。《诗·小雅·瓠叶》云"幡幡瓠叶，采之亨之"，瓠叶味苦，用此待客，不难猜出主人家境并不富裕，但难得的是主人待客的周到与细致。《诗·小雅·南有嘉鱼》云"南有樛木，甘瓠累之"，枝叶摇曳的树木上缠绕着纤细的葫芦藤，藤上缀满大小不一的葫芦，风过处，仿佛无数风铃响动，音色曼妙，令人沉醉。这里的树木象征着主人高贵的地位、端庄的气度；藤蔓紧紧缠绕着高大的树木，神似至亲好友久别重逢后亲密无间、难舍难分的情态。《诗·大雅·绵》云"绵绵瓜瓞，民之初生"，瓠瓜藤蔓绵延，正如神州热土上的子民，生生不息。

在中国最早的一部国别体史书《国语》中，也能找到葫芦的影子，如《国语·楚语上》"不闻其以土木之崇高、彤镂为美，而以金石匏竹之昌大、嚣庶为乐"和《国语·周语下》"匏竹利制"中的"匏"。除此之外，无论是《论语》中的"吾岂匏瓜也哉"，《礼记》中的"器用陶匏"，《三字经》中的"匏土革，木石金"，《盐铁论·散不足》中的"庶人器用即竹柳陶匏而已"，还是《汉书·天文志》中的"匏瓜"，《三国志·孙坚传》里出现的"匏"，《后汉书·礼仪志下》中的"匏勺一，容一升"，《南史·梁本纪下》中的"况郊祀配天，罍篚礼旷，斋宫清庙，匏竹不陈"，《文心雕龙·隐秀》中的"动心惊耳，逸响笙匏"，唐张九龄《南郊太尉酌献武舞作凯安之乐》中的"玉戚初蹈厉，金匏既静好"，元刘壎《隐居通议·骈俪三》中的"今也牺尊在西，匏竹在

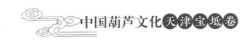

下，侑于宗祖，交于神祇"，《元史·祭祀志二》中的"匏竹者，分立于琴瑟之后，为二列重行，皆北向相对为首"等，这些"匏"，都是指葫芦。

东汉以后开始出现双音名称"壶卢"，也作"壶芦"。"壶"和"卢"本都是盛酒的器具，因为葫芦的用途与之一致，"壶"和"卢"二字便逐渐合二为一，一起代称此种植物，而"壶芦"和"葫芦"应该都是后来衍生出来的俗称。晋崔豹《古今注·草木》中有"壶芦，瓠之无柄者也"，可见在当时，瓠代指的范围更广，壶芦只是瓠的一个分支。南朝刘义庆《世说新语·简傲》还记录着一个与葫芦相关的小故事：吴国灭亡后，陆机、陆云兄弟为延续荣耀，前往洛阳拜访权贵刘道真，不承想，刘道真却对陆氏兄弟说，听说东吴有一种长柄葫芦，你们这次来可带来了种子？（东吴有长柄壶卢，卿得种来不）简短的一句话却充满对吴地人的嘲讽与不屑。陆氏兄弟大失所望，对此行甚是后悔。但同时，我们也可以从以上记载中看出，当时种植的葫芦品种较少，以无柄葫芦为主，长柄葫芦还是非常稀有的品种。

唐朝，"葫芦"这一说法开始流行。杜荀鹤有诗《戏赠渔家》："葫芦杓酌春浓酒，舴艋舟流夜涨滩。"宋代也有很多与葫芦相关的诗句。欧阳修《啼鸟》："独有花上提葫芦，劝我沽酒花前倾。"苏轼《和子由柳湖久涸忽有水开元寺山茶旧无花今岁盛开二首（其一）》："如今胜事无人共，花下壶卢鸟劝提。"陆游《刘道士赠小葫芦》："葫芦虽小藏天地，伴我云云万里身。收起鬼神窥不见，用时能与物为春。"明代李时珍在其著作《本草纲目》中总结了葫芦的七种叫法："悬瓠、蒲卢、茶酒瓠、药壶卢、约腹壶、长瓠、苦壶卢。"

之所以有这么多叫法，一是因为古人习惯于根据物体用途取名，二是因为通假字的使用。清王韬《淞滨琐话·倪幼蓉》："乞其壶卢中丹丸两粒。今愿以奉贻。"清富察敦崇《燕京岁时记·咘咘噔》："咘咘噔者，形如壶卢而长柄，大小不一，皆琉璃厂所制。"咘咘噔，据考证应该是一种玻璃制成的玩具，手柄颀长，柄中空，可放在嘴里吹，另一头连着一个玻璃所做的扁底瓶，瓶子底部薄如蝉翼，会随着吹入的空气振动，从而发出声响，此玩具的乐趣大概类似于现在孩子们爱吹的小喇叭。清朝时已经出现仿葫芦而制成的儿童玩具，足可见葫芦在当时人们的生活中是多么的常见和受欢迎。

二、有关葫芦的传说

对葫芦的喜爱与崇拜深深根植于中华民族几千年灿烂文明之中，甚至很多民族将葫芦视为本民族的起源。闻一多在《伏羲考》❶中明确指出，"伏羲与女娲，名虽有二，义实只一。二人本皆为葫芦的化身，所不同者，仅性别而已"。伏羲与女娲不仅是汉族的创世神，在中国南方诸多少数民族中也是具有崇高地位的创世始祖。至于为什么葫芦能成为人类始祖的化身，闻一多认为："我想是因为瓜类多子，是子孙繁殖的最妙象征，故取以相比拟。"

在彝族民间创世史诗《梅葛》中，天神因恼怒主人公对万物起源——葫芦的不敬，而决定创造梅葛调，教授彝族人民人类起源、造物、生产、婚恋、丧葬等知识与生活习俗，

❶ 闻一多.伏羲考［M］.上海：上海古籍出版社，2006：59.

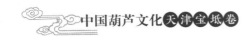

让人们能够不忘祖先，勤恳耕耘。相比于伏羲、女娲等葫芦化身的创世始祖，《梅葛》则更为直接地认定，人都是从葫芦中来，葫芦是孕育世间万物的母体，因此人们应该敬畏葫芦，不得有任何放肆之举。

云南拉祜族长篇史诗《牡帕密帕》用大量的篇幅叙述了葫芦生人的传说：万能的天神厄莎创造了天地日月后，又用葫芦籽种出了一个大葫芦，葫芦被老鼠咬开，从中走出了第一代人类——扎笛和娜笛兄妹。葫芦在此便类似于人类的母亲，是孕育人类的母体，然而父亲是谁却不得而知，这也反映了当时母系氏族社会以女性为中心的特点。扎笛和娜笛后来婚配生育，人类才渐渐繁衍开来。

类似的传说还有云南沧源佤族史诗《司岗里》，"司岗"是葫芦的意思，"里"是出来的意思，"司岗里"就是从葫芦里出来，因此也有人将《司岗里》直接译为《葫芦的传说》。滇南沧源山区有一个岩洞，当地人就称之为"司岗里"，另外，沧源俗称阿佤山区，也称"葫芦王地"，当地佤族各部落都承认部落各姓来自"司岗"，即来自葫芦。可见，云南佤族对于葫芦是人类的起源早已达成了共识。史诗《司岗里》仅从标题就可以大致看出其内容，也是对人类起源的想象与探寻。全诗分为十三个部分，一千多行，数千年来一直在云南佤族人中间广泛流传。传说远古时代，人类被困在密闭的空间里出不来，万能的神派使者小米雀啄开洞口，救人类出来。其他生灵也配合小米雀的活动：老鼠引开在洞口严防死守的老虎，蜘蛛移开堵在洞口的大树。人类从混沌中走出，辛勤劳动，繁衍后代，才有了后来幸福美满的生活。《司岗里》不仅是云南佤族的一部重要民间文学作品，更是一部反映佤族人民世界观、价值观的百科全书。先民对于人类起源的解释如今看来虽充满天真的想象，但也从侧面反映了葫芦作为农作物在古代农业社会中所扮演的重要角色。

除了作为创世神的化身和人类的直接起源，葫芦还经常在各民族神话传说中扮演拯救苍生的关键道具。与《圣经》中诺亚方舟相类似的"洪水神话"也同样在我国各地区各民族间广泛流传，而被一劈两半的葫芦在洪水中往往作为逃生的道具。闻一多的《伏羲考》中列举了49个与洪水相关的民间故事，其中湖南湘西苗族、贵州八寨黑苗等少数民族中均存在洪水中以葫芦作避水工具的故事情节。

对我国一些北方民族来说，即使葫芦不是人类之母，也不是拯救苍生的工具，但也是带来无数资源的福星。蒙古族民间故事《金鹰》有这样的情节：灾难降临，河水干涸，太阳炙烤，人们苦不堪言。一位母亲要求两个儿子去寻找人们的救星——金鹰。长子一心寻求富贵，不信金鹰之说；次子按母亲的话出发，历尽千难万险，终于找到金鹰。金鹰也给了次子几样关键道具：葫芦种子、绿宝石、红宝石等。次子将葫芦种子撒向大地，葫芦种子立刻生根发芽并结出葫芦。次子又将葫芦切开，里面走出一头奶牛、一只羊、一匹马。奶牛、羊、马对草原民族的重要性不言而喻，足可见葫芦在蒙古族人民心中的重要地位。

不难看出，葫芦在我国各族人民的生活中都扮演着重要角色，并在漫长的岁月中逐渐融入各民族的文化中。

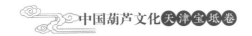
第二节 葫芦在传统生活中的起源地文化探究

一、葫芦的日常使用

人们最开始关注葫芦，是因其天然的使用价值。葫芦成熟后从中间剖开，可以做舀水、面的器具，即人们经常说的"瓢"。也可以将籽和瓢掏空，直接做盛具，如盛酒的酒葫芦、葫芦茶具、葫芦药瓶。一些做工精美的葫芦工艺品还可以作为花瓶、鼻烟壶、虫具，兼具日用性和观赏性。另外，过去行医卖药，常在店外悬挂葫芦以表明身份，葫芦过去曾写作"壶卢"，人们常说的"悬壶济世"便来源于此。久而久之，葫芦常被当作医药行业代名词，"葫芦里卖的什么药"这一俗语也是由此衍生出来的。

葫芦嫩时可食用，味道鲜美，富含营养价值，且吃法多种多样，无论是清炒还是烧汤，或者腌制、晾晒后再食用都风味甚佳。

葫芦可做药用，其"苗、叶、皮、籽"均可入药，鲜葫芦含胡萝卜素、维生素、蛋白质等营养元素。药理研究证实，葫芦的苦味质即"葫芦素"有较强的抗癌作用。苦葫芦能够消肿利尿，可见于我国已知最早的药物学著作《神农本草经》。后来《伤寒类要》中也有关于苦葫芦可治疗黄疸的记载。《本草纲目》中记载的以葫芦为药引或原料的药方不下几十种。

葫芦可以做载具，如我国民间故事"八仙过海"中铁拐李过海的宝物就是葫芦，前文提到民间传说中的避水工具也可说明葫芦在民间作为载具广泛应用。值得一提的是，在古代葫芦还可以加工成火器，在战争中作为武器使用。这些葫芦更多的是起到了一种器物的作用，即使经过加工打磨，依然为了实用而非艺术欣赏，因此可称其为"匏器"。在非洲的一些地方，渔民还会用葫芦做成渔具上的鱼漂。

葫芦还可以做乐器。最著名的葫芦乐器莫过于葫芦丝，一个完整的葫芦和三根竹管、三枚金属簧片共同组成这种淳朴动人的乐器。除此之外，商周时期就有的笙、竽等乐器最早也是以葫芦为材料制成。葫芦还可以做成弦乐器或弹拨乐器，甚至可以做成鸽哨。葫芦乐器在国外，特别是日本、欧美、非洲都很流行，职业演奏家与爱好者众多。世界各国葫芦乐器众多，其中我国常见的有葫芦胡、葫芦琴、葫芦箫、葫芦二胡、葫芦京胡、葫芦三弦、葫芦单弦、葫芦吉他、葫芦琵琶、葫芦手鼓等。但是，实事求是地说，葫芦做乐器，音色确实不是最佳，过去宫廷中的很多葫芦乐器也并非演奏所用，而是用来观赏。直到现在，仍有不少收藏者以收藏各式葫芦乐器为乐。

我国目前栽培的葫芦有二十多种，包括小瓢葫芦、中瓢葫芦、大瓢葫芦、小亚腰葫芦、扁圆葫芦、长柄葫芦、苹果葫芦、新疆葫芦、疙瘩葫芦、佛手葫芦、手捻葫芦、花生葫芦、鹤首葫芦、冬瓜葫芦、鸡蛋葫芦、小棒葫芦、中棒葫芦、大棒葫芦、小长柄葫芦、大扁圆葫芦、元宝葫芦、梨形葫芦、本长葫芦等。国外还栽培小徽章葫芦、炮弹葫芦、土耳其头巾葫芦、蛇形葫芦、条纹梨葫芦、皇冠葫芦、香蕉葫

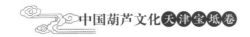

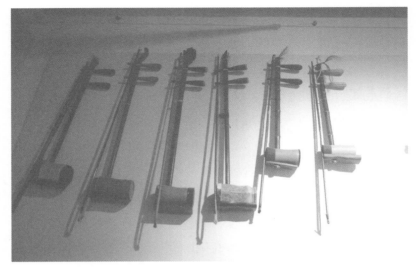

各种葫芦乐器

芦、大企鹅葫芦、非洲小葫芦等。

　　人们给葫芦取名，多依照其形状，因此只消听到葫芦的品种，便可以想象其大致形状轮廓。不同品种的葫芦用途也不同：鹤首葫芦和疙瘩葫芦因形状奇特，可以用来观赏；手捻葫芦身量小巧，最适合握在手中把玩，而且越是小巧越是稀有，价格也越高；有的大葫芦适合进一步加工打磨做成工艺品，如大扁圆葫芦、大棒葫芦、大瓢葫芦等；有的葫芦不需要任何工艺打磨，天然就兼具实用性与观赏性于一身，如本长葫芦，其形状最适宜做虫具，且因天然长成，未经人为干涉，尤其受到玩家青睐。

二、与葫芦相关的民俗

与葫芦相关的民俗颇多，最广为人知的莫过于古代婚礼中的"合卺礼"。合卺，本意是把剖开的瓠合为一体，古时多用之盛酒。新郎将新娘迎进家门以后，在洞房中将一个完整的葫芦一分为二，仅柄部相连，再用之装上酒，夫妻一同饮下，意味着夫妻二人从此合为一体，不可隔断。《礼记》也曾对合卺礼有记载：妇至，婿揖妇以入，共牢而食，合卺而酳，所以合体同尊卑以亲之也。这段文字说明，起码从汉代开始，合卺就已经开始流行。宋词《少年游·上苑莺调舌》也有涉及合卺的句子："合卺杯深，少年相睹欢情切。罗带盘金缕，好把同心结。"新婚夫妇两心相悦、喜不自胜的神态跃然纸上。后来随着时代发展，合卺礼慢慢变得更加复杂，然而其祈求夫妻和睦同心的本义却没变，尤其是夫妇行完合卺礼之后需要分别将葫芦瓢往地上一扔，如果一个朝天一个朝地，便称大吉。由合卺礼衍生出的交杯酒，至今仍活跃在我国各地的婚俗中。

我国西南少数民族拉祜族还喜欢把葫芦籽别在孩子的衣服上，以求孩子能够像葫芦籽一样，具有旺盛的生命力；姑娘和少妇则喜欢在衣领袖口边绣上葫芦花纹，既美观又能祈福；葫芦花洁白无瑕，与人们对于爱情的企盼类似，因此，一些小伙子常常在送给姑娘们的礼物上雕刻葫芦花图案，象征爱情像葫芦花一样洁白、纯净。

另外，葫芦也与求仙问道息息相关。民间有俗语云：天地一壶中。在古人的世界观中，葫芦并不仅是简单的器皿，而且代表着承载乾坤日月的世界。李白《下途归石门旧居》中提到："何当脱屣谢时去，壶中别有日月天。"此句中的"壶中日月"代表的是一种清净洒脱、自在飘逸的境界，与诗人李白一向追求的浪漫精神高度契合，也与李白本人信仰的道家精神高度契合。唐代诗人钱起的《送柳道士》同样涉及"壶中日月"："去世能成道，游仙不定家。归期千岁鹤，行迈五云车。海上春应尽，壶中日未斜。不知相忆处，琪树几枝花。"此诗中的"壶中日"与李白诗中的"壶中日月"意思类似，代表的都是一种超脱于现实环境的道家精神追求。因此，在众多民间神话故事中，仙人都随身携带葫芦也就不足为奇了。如太上老君用葫芦盛放仙丹，八仙之一铁拐李拐杖上挂着葫芦，等等。正因为与仙人的这些关联，葫芦在民间常常作为辟邪的神物。

同时，因为"葫芦"谐音"福禄"，所以可以作为祈福的道具，人们在生活中佩戴经过加工的葫芦，以此来祈求富贵吉祥。直到今天，一到春节等重大节日，人们还是将小葫芦做成挂件，配上红色的中国结，悬挂在家中或门上，以求自己和家人平安喜乐。

在有些地区，还有端午节在身上和门上悬挂葫芦的习俗。身上挂葫芦是因为农历五月的南方已进入洪水多发的夏季，葫芦作为避水工具不可或缺，久而久之，在身上悬挂葫芦成为一种端午风尚。在门上悬挂葫芦则是源于一则古老的传说：古代一位卖油翁，明码标价，任由村民自己取油，不少人便贪小便宜多取，只有一位少年诚实，不多取分毫。卖油翁为感谢少年，便告诉少年，端午将至，毒虫将出，不久将有天灾降临，在自家门前悬挂葫芦，可躲过灾祸。少年依

言行之，果然躲过灾祸。端午节在自家门上悬挂葫芦的习俗也就流传开来。也有民间传说认为，端午在门上悬葫芦是因为有一年药王爷下凡，见到人间毒虫肆虐，百姓苦不堪言，因此便把自己随身携带的装有神药的葫芦挂在村口一户人家门上，此地从此便不再有毒虫和瘟疫。因此，其他地方也纷纷效仿，一则驱赶毒虫，二则感谢药王爷心存慈念、普渡众生。与这个故事类似的版本很多，细节也各有不同，但多与葫芦的使用价值相关，透露出在古代农业社会中葫芦所扮演的重要角色。

第三节　葫芦文化的历史演变

一、作为工艺品的葫芦

葫芦谐音"福禄"，其枝茎被称为"蔓"，与"万"音同，因此"葫芦蔓带"寓意"福禄万代"，是吉祥之物。而葫芦多籽又象征着"多子多福"，正符合古代农业社会对劳动力的旺盛需求。葫芦外形圆润可爱，象征着"事事圆满"。无论是多种多样的使用价值还是赏心悦目的外形，或是吉祥的谐音，葫芦都契合了人们的需求与愿望。

古今中外的人们对葫芦的使用及工艺开发从未停止。就葫芦而言，当它的作用不再单纯是实用，而是为了陶冶人们的情操，具有观赏性的时候，葫芦工艺及工艺品也就应运而生。常见的葫芦工艺品分为以下几类：一是葫芦容器，如葫芦碗、葫芦鼻烟壶；二是葫芦摆件，如葫芦花瓶；三是葫芦乐器，如葫芦琴、葫芦箫；四是葫芦虫具。当然，很多葫芦工艺品兼具实用性和观赏性，如葫芦鼻烟壶、葫芦虫具等在过去的贵族之家是常见的日用品，因其身份尊贵，故而即使是身边的日用小物也体现出典雅精致。

葫芦拿到手以后要通过看、掂、闻来确定葫芦艺术等级的高低。看，就是看葫芦的表皮，一看葫芦有没有破损；二看葫芦的形态，包括比例是否匀称，底部花脐正不正；三看葫芦表皮颜色光泽。一些黑心商贩将葫芦用双氧水浸泡，这样，葫芦表面原本的瑕疵霉菌等都会被遮盖掉，表皮会异常干净，起到障眼法的作用。另外，正常的葫芦表皮一般呈淡黄色，而被人为处理过的葫芦表皮发白。因此，见到表皮过于干净或发白的葫芦一定要警惕。掂，是通过葫芦的重量判断葫芦成熟程度与坚硬程度。一般来说，葫芦越重，品质越好，其表皮越耐得住腐蚀风化。闻则是通过嗅觉判断葫芦质量的好坏。一般来说，品质好的葫芦表面会有植物天然的清香，但被双氧水等化学药物泡过的葫芦，味道往往是刺鼻的，而且这种被处理过的葫芦不仅成色不佳，也很难保存。

二、葫芦的种植工艺

葫芦工艺是从种植开始的，真正的葫芦工艺是种植的技术，比如范制、勒扎、挽结、本长等。葫芦的制作技艺作为辅助技艺，主要有雕刻、押画、烙画、彩绘、漆艺、镶嵌等，后来又发展出针刻、编织、匏塑等工艺。

在我国古代，培育不同的葫芦品种，相对应的葫芦种植工艺也不同。我国最早记载葫芦种植工艺的是西汉时期的农书——《氾胜之书》，书中对作物禾、豆、麦、瓜、黍、瓠等的栽培技术都有较为详细的记载。就葫芦而言，书中的方法即"种瓠法"，简而言之就是三月时耕种十亩良田，做一个个距离约为一步、深一尺的区田，每个区田中种四个葫芦种子，盖以蚕沙、土、粪便等混合物，然后浇上约二升水，可多浇几次，直至将葫芦种子完全浸湿。等到葫芦秧上结有三个果实时，就用马杖把秧弄断使之不蔓延生长，再把一些草放在葫芦下面，免得葫芦长大后挨着土长疮瘢。等到葫芦长大可以做瓢的时候，用手去摸秧子，从蒂摸到底，主要把葫芦上的毛抹掉而且使之不再长即可，最后八月收取。

除此之外，书中还介绍了一些特有品种葫芦的种植方法。例如种尺寸很大的葫芦，需要首先选用大的种子，并在地上挖方圆、深度均大约三尺的坑，填入蚕沙和土的混合物，浇入充足的水，等到土把水完全吸收，就种下十颗大的葫芦种子，再用牛粪盖上。重点在于，等葫芦秧子长到二尺左右，就把十枝茎合在一起，用布在其五寸处缠绕，再用泥糊住，让这十枝茎长在一起，集中养分供养，最后选择其中长得最好的一枝，掐掉其他九枝，等到这一枝上面长了葫芦，再把这一枝上没长葫芦的蔓掐掉，只留长了葫芦的一蔓。经过这样层层筛选，得到比正常尺寸大得多的葫芦。有尺寸很大的葫芦，必然就有尺寸小的葫芦，小葫芦在古今中外都是人们把玩的好物件。在我国古代，关于小葫芦的种植方法的记载，可散见于明代高濂《遵生八笺》、清代《调燮类编》《农政发明·耕心农话》等书中，重点无外乎在于所种

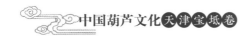

的环境不在土地，而是盆中，需要悉心照料。

值得一提的是，清代奚诚所撰《农政发明·耕心农话》一书中提到了指头大小的鹅颈葫芦的种植方法，依然是在盆中栽种，只是选种子的时候需要注意选取坚硬完好的种子，用雪水浸泡并放在太阳底下一天，然后拿出来用秧灰包裹置于没有风的地方，等到种子发芽，再把葫芦芽移到盆中进行栽培，等葫芦长成，经历风吹日晒，待其十分坚硬摘下即可。除了尺寸异于正常大小的葫芦，葫芦打结、在葫芦表皮涂画、红葫芦等一些需要特别工艺的葫芦的种植方法在我国古籍中亦有相关记载。

需要注意的是，如果要对葫芦进行工艺创作，在种植工艺以外，还要对葫芦进行加工，使之在耐受性、存活性等方面达到艺术加工创作的要求。大多数葫芦工艺都是从葫芦采摘几天后的打皮开始的。赵伟所编著的《葫芦工艺宝典》一书中有关于葫芦打皮的具体步骤。❶ 第一步，要选择皮色发白的葫芦打皮，如果葫芦的皮色是绿色的最好不要打皮，即使强行打皮，葫芦干燥后多数不会落住。第二步，从葫芦顶端开始，用竹板轻轻刮掉葫芦外皮。第三步，注意保护好葫芦莛子，不要在打皮过程中折断。第四步，先把上半部分打出来，使打过皮的葫芦呈草绿色。第五步，依次把整个葫芦的皮全部打完。第六步，要把葫芦底部的皮打干净，底部的皮如打不干净容易发霉。第七步，打皮的时候可以用双腿夹住葫芦，从上往下刮，比较省力。第八步，全部打完后最好用铁刨花轻轻打磨一下葫芦外皮，把没有打到的外皮擦下

❶ 赵伟.葫芦工艺宝典［M］.北京：化学工业出版社，2008：20.

葫芦工艺品

去。第九步，用碱水沾一下葫芦外表面。第十步，把处理好的葫芦挂在阴凉处通风，千万不要着地。第十一步，干透后在太阳下晾晒数日，看葫芦皮色变化决定晾晒时间。晾晒后，就可以对葫芦进行艺术创作了。

第四节　范制葫芦的历史起源与传承

在中国，模制葫芦，即今天所说的范制葫芦的出现，是葫芦工艺历史中不可或缺的一笔。范制葫芦是最早的葫芦艺术。关于范制葫芦这一工艺出现的时间，一种说法是春秋战国时期，但能够支持此种说法的论据并不充足。另一种说法

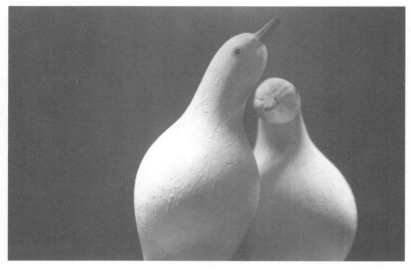

创意葫芦作品

是唐代，原因有二：一是学界考证，在唐人王旻所著《山居要术》一书中有用牛粪、黄泥制作葫芦模具的资料；二是在日本有一具范制葫芦名曰"唐八臣瓢壶"，文物专家认为应属唐朝。所以现在说起范制葫芦的历史，一般以唐朝为准。

然而，自唐朝往后的近九百年间，范制葫芦工艺似乎没有什么发展，相关历史记载也较少，直到明代才重回人们的视野。明代谢肇淛谈到市场上用模具范制的各种形状的葫芦并不少见，"多有方者……不足异也"；清代刘廷玑《在园杂志》提到明朝宫中有小葫芦耳坠，也是用范制葫芦的工艺加以珠翠点饰制作而成。可见明清时期，无论宫内宫外，范制葫芦已然非常普遍。

在北京故宫博物院中珍藏着多件范制葫芦。天津博物馆里也有范制葫芦。范制葫芦从宫廷到达官贵族再到民间，都

中国起源地文化志系列丛书

精美的范制杯盏作品，融合了范制工艺与传统山水画

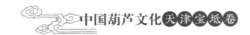
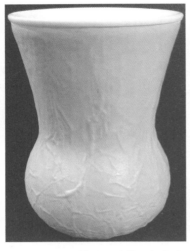

纸模匏杯，纸模作为外体，杯芯为　　　　　　范制匏杯
白瓷，既美观又隔热

很受欢迎，因为它制作难度比较大，而且工艺精美。尤其值得一提的是范制匏杯，即将葫芦通过范制的工艺而制成的茶具，这种茶具在明朝风靡一时，直至清朝，宫廷中也使用范制葫芦制成的匏杯。

另外，到了清末的时候，烙画、押画等葫芦工艺盛行，其实这些工艺很多时候都是对范制葫芦的一种补充，比如范制葫芦没范好，图案不清楚，就用押花进行醒模，把没范清楚的地方醒清楚了；还有就是醒完以后，有的地方有瑕疵，就用烙画再做一个画，把瑕疵盖住了。过去烙画和押花就是做这个的，只是现在把它们提出来单独弄成一个工艺品类而已。

清朝，葫芦工艺主要在宫廷内发展，尤其是康乾盛世时期，范制葫芦工艺大放异彩，达到顶峰。这时候的范制葫芦

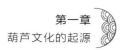

工艺，由于有了帝王的支持，工艺水平及传播广度、影响力都迅速提高，种类也得以丰富。清朝范制葫芦的种类有十余种，如碗、盘碟、笔筒、盒、瓶、尊、罐、壶等。目前北京故宫博物院中存有大量葫芦艺术品，最值得一提的有三件：一为"缠枝莲寿字盒"，上有四朵缠枝莲花，中间插着"寿"字图案，盖子和底座严丝合缝；二为"匏制蒜头瓶"，由五个类椭圆的瓣组成，瓶身有莲花浮雕图案，光泽照人；三为"葫芦三弦琴"，共鸣箱是压扁了的葫芦。这几件葫芦艺术品上面都刻有"康熙赏玩"或"康熙御玩"的字样，可谓帝王喜爱葫芦工艺品一证。雍正帝对葫芦的兴趣没有康熙浓厚，多将葫芦器具作为赏赐送出，因此葫芦工艺在雍正在位时期并没有得到长足发展。直到乾隆时期，重新仿康熙时期的葫芦进行范制，这一工艺才得以继续发展并达到顶峰，范制葫芦数量之多、工艺之精美，前无古人。康乾之后的嘉庆、道光等帝王，对葫芦工艺兴致不大，至此宫廷葫芦工艺开始走下坡路，直至同治、光绪年间葫芦工艺在宫廷之内宣告终结。

虽然葫芦工艺在清代的宫廷逐渐消亡，然而民间艺术的生命力向来顽强。清末至民国初年，葫芦工艺主要集中在北京周围的地方。就天津而言，清末至民国初年，葫芦工艺的发展主要体现在葫芦虫具的制作上。清代以前，宫廷内外、百姓之家，所用虫具均为用银丝、竹等材料制作而成的笼。自清代始，民间出现了用葫芦做的蝈蝈笼。用葫芦做笼是看重葫芦的保暖及轻便的优点，北方人养冬虫、南方人夏秋养蝈蝈都用葫芦做笼。后来，葫芦虫具也愈发精美，成为葫芦工艺不可或缺的一部分。

然而，并不是所有的葫芦都适合做虫具，而且不同品种的葫芦对应的鸣虫也有所不同。就拿人们经常养的蝈蝈和蟋蟀来说，所用的葫芦虫具就不同。民间流行一种说法："蟋蟀葫芦必砸泥底，蝈蝈葫芦则不需。"因为蟋蟀喜阴，而冬日被揣入怀中的葫芦温度较高，故在其底部砸一层泥，为蟋蟀创造一个阴凉的环境，利于其存活。除此之外，用来做蟋蟀笼的葫芦品种，当属本长亚腰葫芦，因其浑然天成，颇受玩家青睐，还有一些如"荸荠扁""沙酒壶""棠梨肚"等范制葫芦也是做蟋蟀笼的好虫具；对蝈蝈笼来说，本长扁圆葫芦则最佳，另外，鸡心葫芦、棒子葫芦也很适合。今天，在天津地区，人们对花鸟虫鱼的兴趣不减当年，为葫芦工艺的发展提供了良好的氛围与市场。

第五节　范制葫芦文化在天津

一、在理教与葫芦文化

在过去，天津是中国葫芦文化的中心。清顺治十一年（1654），道人羊宰来到天津蓟州研究理学，康熙八年（1669）创立"在理教"，也称"理教"。一般来说，教众总是要对神灵偶像进行膜拜，但据传说，羊宰因为看到宝坻的葫芦，便产生了不拜神而拜葫芦的想法，在理教也因此有了不拜神灵偶像拜葫芦的习惯。拜葫芦的时候要在葫芦底下写上祭拜者的名字。通常是年轻人拜大葫芦，岁数大的捻小葫芦，类似于玩手捻。天津正因为在理教的缘故，与葫芦结下了不解之缘。

由于创始人是明朝遗士，因此早期的在理教具有一定的反清复明色彩，只能秘密运行。然而随着时间发展，这种政治取向逐渐淡化，后来慢慢成为一个提倡戒烟戒酒、兴办公益事业的慈善团体。晚清时期，鸦片流毒民间，贻害甚深，在理教又将戒食鸦片作为重要宣传任务，还自发向百姓发放戒鸦片药。

在理教于光绪年间得到朝廷认可，迅速发展壮大，曾一度在北京、河北、山东、江苏、上海等地都非常盛行。"戊戌六君子"之一谭嗣同也曾在天津加入在理教，想要借此了解研究在理教。

虽然在理教在中华人民共和国成立后被解散，但葫芦和葫芦工艺在天津一直被传承下去。

二、天津宝坻的历史人文 ❶

宝坻历史悠久。据考证，早在新石器时代，这里就已有人类聚居、繁衍和生活。

夏、商时，"省幽并冀"，转属冀州。后来，秦分全境为四十六郡，此地属渔阳郡。西汉时期置雍奴县。三国时期，此地乃曹魏之领地。隋代，属冀州涿郡。唐代初期，"高祖改涿郡为涿州"。唐天宝元年（742），改称武清县。

辽会同元年（938），割武清县、潞县、三河县，置香河县。金大定十二年（1172）分香河建县，取《诗经》中"如

---

❶ 本部分图片皆来自天津市宝坻区人民政府官网。

宝坻风光

宝坻风光

宝坻风光

中国起源地文化志系列丛书

水草丰茂、气候优越的宝坻

环境优美的宝坻新城

坻如京"之意，命名为宝坻县。承安三年（1198）升为盈州，泰和四年（1204）又废州为县。

中华人民共和国成立前夕，即 1949 年 8 月，宝坻县隶属于河北省天津专区。1958 年 6 月，改属河北省唐山专区，同年 11 月与香河县合并，仍称宝坻县。1960 年 3 月，改属河北省天津市。1962 年 6 月，又分为宝坻、香河两县。1973 年 8 月，宝坻县改属天津市。2001 年底，宝坻撤县设区。

如今，宝坻依托重要的地理位置和丰富的地产资源，经济快速发展，一二三产业携手并进。宝坻不仅是北京、天津两地重要的肉蛋菜供应基地，出产的小麦、玉米等重要粮食作物还销往日本、韩国等国家。宝坻以轻工业为主的工业体系，尤其注重培养新能源类产业发展，容纳各类外商投资，吸引一大批国内外知名企业在宝坻建厂落户。此外，宝坻还努力发展金融与进出口贸易，并在短期内取得辉煌成就。

经济的稳步前进为文化的发展奠定了坚实的基础，葫芦文化能在宝坻生根成长，与宝坻优越的人文环境息息相关。

宝坻鸟瞰

宝坻一览

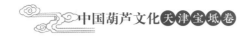

宝坻经济发展迅速，高楼林立

三、范制葫芦文化重要起源地——天津宝坻

宝坻一直是葫芦之乡，气候和土壤均适宜葫芦生长。据《宝坻县志》载，明朝万历十六年（1588），浙江人袁黄❶因进士及第而出任宝坻知县，当时雨多、河溢、农田损毁，百姓大饥，市间薪粒俱绝，官府讨税逼赋不休，民不聊生。因宝坻县内葫芦窝一带有种植葫芦的基础，土壤肥厚，袁黄便在葫芦窝一带教民灌田种稻之法，并将自己在宝坻发展农业的心得整理成《劝农书》1卷，此书也是天津地区最早的农业专著。

---

❶ 袁黄（1533—1606），原名袁表，后改为袁黄，字庆远、坤仪、仪甫，号了凡。浙江嘉兴人，明代著名思想家，对天文、医学、水利、军事、政治、算术、农业均有一定天赋与研究，著有《了凡四训》，为中国历史上第一本劝人向善之书；另著有《劝农书》，借此推广种植水稻与水利技术。万历年间中进士，两年后奉命任宝坻知县。袁黄到任时，宝坻已是一副烂摊子，不仅积贫积弱，还欠朝廷粮食万石，袁黄大胆向朝廷上书，希望免去宝坻所欠赋税，朝廷很快允准。至于如何振兴宝坻经济，改变长久欠税不交的局面，袁黄一方面发展水利，疏浚河道，筑堤开渠，另一方面教民植树种稻，开垦荒地。在袁黄的带领下，宝坻的农业大大发展，袁黄也因政绩卓越得到朝廷重用。

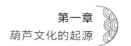

葫芦种植不仅是宝坻农业发展的基础，更是以范制葫芦为代表的葫芦工艺发展的基础。谈及天津葫芦工艺的传承与发展，最具代表的是天津市非物质文化遗产葫芦制作技艺项目（葫芦庐葫芦制作技艺）。葫芦庐葫芦制作技艺目前已传了五代，第一代传承人赵锡荣在清朝光绪年间就开始在宝坻专职种葫芦了，于1896年创立葫芦庐，然后将葫芦制作技艺一代一代往下传。第二代传承人赵广玺，第三代传承人赵学义，第四代传承人赵伟，第五代传承人赵珈莹。第二代传承人赵广玺曾负责天津在理教组织的葫芦烙刻工作，那时候不少天津人都信在理教，所以赵广玺，也就是赵伟的二爷把葫芦工艺变成了自己谋生的手段，专职做葫芦，葫芦庐也随着在理教在天津的盛行而发展起来。葫芦制作技艺本属家传，但第四代传承人赵伟打破陈规，广收徒弟传承葫芦制作技艺。

赵伟现在对葫芦庐的传承与发展体现在将传统葫芦工艺与现代工艺相结合，从葫芦种植开始，到葫芦范制工艺、雕刻及烙画工艺，甚至于葫芦烙画机器等，无一不钻研。赵伟对葫芦种植工艺的创新发展主要体现在培育新品种上，除了培育国外的葫芦品种，还培育出更美观的、适合葫芦工艺的品种。

范制葫芦技艺是葫芦庐最主要的技艺，也是赵家几代人着力最多的葫芦技艺种类。目前，赵伟最满意的培育品种是"八不正"，也是他最喜欢的品种与图案。从器型上看，"八不正"的寓意特别深厚，上面有四面，是个方形，下面有八个面，为八方，合起来就是"四面八方"，中间有个过渡的连接处，其浑圆的形状寓意圆满，葫芦下半部分有斜角，每

029
中国起源地文化志系列丛书

个角都有一个福字。葫芦本身就代表着"福禄"，葫芦里面又有籽，代表着"多子"，人们能想到的吉祥寓意，"八不正"葫芦基本都有了。赵伟用了8年时间培育出整套的十二生肖八不正范制葫芦，每年都需要模子种出来，模子包括阴模、阳模，然后范出来，通过种植，形成天然的作品。每年被模子套种的葫芦数量有限，成功率又非常低，基本一年只能培育出一个，也因此显得格外珍贵。同时，赵伟还种出了上面绾结下面范制的葫芦；他研发的2厘米长的小葫芦及3米长的大葫芦已申报葫芦新品种。

葫芦庐代表性的范制葫芦"八不正"

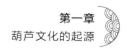

葫芦主题公园（葫芦庐小镇供图）

葫芦小镇

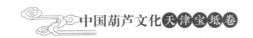

目前，赵伟基本居住在天津市宝坻区，那里不仅是葫芦庐的现所在地，还有目前世界上最大的"中国葫芦博物馆"，据悉，博物馆中收藏有两万多件葫芦工艺品。赵伟也被世界纪录协会认证为世界上掌握制作葫芦工艺最多的人、世界上收藏葫芦最多的人。同时，赵伟拥有30余项葫芦专利，常年致力于将葫芦文化传播于世界各地，更将自己所知道的、会的葫芦技艺编著成书，如《葫芦工艺宝典》《烙画工艺宝典》等供大家了解与学习。

除了传承葫芦庐的制作技艺，赵伟还致力于扩大葫芦庐的规模，传播葫芦文化。目前葫芦庐已不单单是家传的葫芦地，更是集乡村振兴、精准扶贫、智慧农业、生态文化、非遗传承、创意产业为一体的葫芦文化小镇，是一二三产业融合的传统特色文化产业项目，被科技部评为国家级星创天地，被农业部评为国家级最美乡村，被中国民协批准成立国家级葫芦文化专业委员会，被写入天津市"十三五"文化产业发展规划，是天津市文化产业示范基地、天津市非遗示范基地、天津市生态文化研习基地、天津市民间艺术传承基地，是中国葫芦文化传承与发展的范例。

天津宝坻葫芦庐是葫芦制作技艺传承谱系最完整、传承技艺最全面的。如今，在天津宝坻区建起了包括传承葫芦种植技艺的葫芦主题公园、展示中国葫芦制作技艺的中国葫芦博物馆、世界葫芦种子库、葫芦技艺体验馆等多处特色场馆的葫芦文化小镇，吸引了国内外各年龄层、各行各业爱好葫芦文化以及对葫芦感兴趣的人群参观、体验，极好地传播了葫芦文化，力求使葫芦制作技艺一直往下发展，生生不息。在继承和发扬传统的葫芦工艺的基础上，赵伟还积极创新，将传统文化与现代文化相结合，投射于一个个葫芦上，制作出"心有慈悲，方得福禄"匏盏、葫芦与菩提叶结合的"一叶知天地、福禄万事宽"挂饰、葫芦与香道和文房结合的"禅意无限、大雅生活"系列用品，与市场相结合，为葫芦工艺的发展谋求更广阔的天地。

葫芦庐小镇

四、中国葫芦文化重要起源地研究课题的申报、调研研讨与论证

中国葫芦文化重要起源地研究课题项目是天津市宝坻区文化和旅游局申报的 2019 年度中国起源地文化研究课题项目（申报时的课题名称为"中国葫芦文化起源地研究课题"，课题组名称为"中国葫芦文化起源地研究课题组"。为叙述

方便，皆以最终名称"中国葫芦文化重要起源地研究课题"及"中国葫芦文化重要起源地研究课题组"为准），经起源地文化传播中心组织中国民间文艺家协会中国起源地文化研究中心、中国西促会起源地文化发展研究工作委员会的智库专家进行开题、调研、研讨、研究梳理等工作，根据课题组专家评审意见，形成课题成果：天津市宝坻区为范制葫芦文化起源地，该课题成果将纳入《中国起源地文化志系列丛书》，全国发行。

　　中国葫芦文化重要起源地研究课题项目经历了中国葫芦文化重要起源地研究课题申报书填写申报，受邀赴天津宝坻调研葫芦文化，召开中国葫芦文化重要起源地研究课题开题研讨会，召开中国葫芦文化重要起源地、中国范制葫芦文化起源地研究课题研讨论证会等重要环节。起源地文化传播中心多次组织中国起源地智库专家前往天津宝坻进行实地调研研讨。

中国葫芦文化起源地研究课题开题研讨会现场

中国葫芦文化起源研究课题组合影留念

　　2019 年 4 月，起源地文化传播中心受邀组织中国起源地智库专家赴宝坻调研葫芦文化。中国文联民间文艺艺术中心副主任、中国起源地智库专家委员会主任刘德伟，中国民协中国起源地文化研究中心执行主任、中国西促会起源地文化发展研究工作委员会主任、起源地文化传播中心主任、起源地城市规划设计院院长李竞生等实地考察了葫芦庐小镇、中国葫芦博物馆，同时听取了中国民协中国葫芦文化专业委员会主任、中国起源地智库专家、非物质文化遗产传承人赵伟对中国葫芦文化、范制葫芦文化的介绍。

　　2019 年 7 月 3 日，中国民协中国起源地文化研究中心受邀组织专家赴宝坻调研，中国文联民间文艺艺术中心副主任、中国起源地智库专家委员会主任刘德伟，中国民协中国起源地文化研究中心执行主任李竞生，中国民协中国葫芦文化专业委员会

中国葫芦文化重要起源地研究课题研讨论证会

主任、中国起源地智库专家、非物质文化遗产传承人赵伟，天津市宝坻区文化和旅游局副局长李志军，天津市宝坻区文化和旅游局产业发展科科长刘雪峰等围绕"中国葫芦文化重要起源地研究课题"在宝坻区文化和旅游局会议室进行座谈。

2019 年 9 月 12 日，中国葫芦文化重要起源地研究课题开题研讨会在北京举办。中国民间文艺家协会副主席、北京师范大学教授、中国起源地智库专家万建中，中国民协中国起源地文化研究中心主任、中国西促会副会长兼秘书长丁春明，中国文联民间文艺艺术中心副主任、中国起源地智库专家委员会主任刘德伟，中国国家博物馆艺术品鉴定中心主任、中国起源地智库专家岳峰，天津市民间文艺家协会秘书长张书珍，中国民协中国起源地文化研究中心执行主任李竞生，中国葫芦文化专业委员会主任、中国起源地智库专家赵伟，天津市宝坻区文化和旅游局产业发展科科长刘雪峰出

中国民间文艺家协会副主席、北京师范大学教授、中国起源地智库专家万建中讲话

中国民协中国起源地文化研究中心主任、中国西促会副会长兼秘书长丁春明讲话

中国文联民间文艺艺术中心副主任、中国起源地智库专家委员会主任刘德伟主持会议

中国国家博物馆艺术品鉴定中心主任、中国起源地智库专家岳峰讲话

天津市民间文艺家协会秘书长张书珍讲话

中国起源地文化志系列丛书

中国民协中国起源地文化研究中心执行主任、中国西促会起源地文化发展研究
工作委员会主任、起源地城市规划设计院院长、起源地文化传播中心主任
李竞生介绍课题情况

中国葫芦文化重要起源地研究课题陈述人赵伟进行陈述

席，围绕"中国葫芦文化重要起源地研究课题"展开深层次、全方位、多角度研究探讨。

2019 年 11 月 21 日，"中国葫芦文化重要起源地研究课题"组成员王颖超、薛晶晶、赵昱赴宝坻葫芦庐小镇、中国葫芦博物馆进行田野调查工作，深入研究中国葫芦文化、范制葫芦文化。

2019 年 11 月 23 日，中国葫芦文化重要起源地研究课题研讨论证会在天津市宝坻区葫芦庐小镇成功举办。

中国民间文艺家协会副主席、中国起源地智库专家万建中，中国民协中国起源地文化研究中心主任、中国西促会副会长兼秘书长丁春明，中国文联民间文艺艺术中心副主任、中国起源地智库专家委员会主任刘德伟，中国国家博物馆艺术品鉴定中心主任、中国起源地智库专家岳峰，天津市民间文艺家协会秘书长张书珍，中国民协中国起源地文化研究中心执行主任、中国西促会起源地文化发展研究工作委员会主任、起源地城市规划设计院院长、起源地文化传播中心主任李竞生，中国民协中国葫芦文化专业委员会主任、中国起源地智库专家赵伟，宝坻区人民政府副区长陈秀华，宝坻区文化和旅游局局长周振亮，宝坻区文化和旅游局副局长李志军，宝坻区文化和旅游局产业发展科科长刘雪峰等出席了本次研讨论证会。

课题研讨论证会由课题组负责人介绍课题情况，申报课题单位对申报书进行阐述，课题组调研代表发表前期调研工作报告并讲话，课题组专家进行提问，课题组成员答辩，专家进行研讨、签署专家意见书等环节组成。

天津市宝坻区人民政府副区长陈秀华

会议现场

会议现场

（一）小葫芦展示大技艺，蕴含大文化

中国民间文艺家协会副主席、北京师范大学教授、中国起源地智库专家万建中，中国民协中国起源地文化研究中心、中国西部研究与发展促进会副会长兼秘书长丁春明，中

国国家博物馆艺术品鉴定中心主任、中国起源地智库专家岳峰，天津市民间文艺家协会秘书长张书珍等分别在答辩环节进行发言，并结合自身领域分别针对未来的发展提出大量具有可实施性、建设性、针对性建议。

课题组专家对中国葫芦文化重要起源地研究课题申报单位宝坻区文化和旅游局为当地的文化、经济社会的发展所作出的努力和贡献给予肯定，对创新创造、传承发展的向前精神表示称赞，对葫芦文化和范制葫芦文化提出了殷切希望，共同表示：第一，天津宝坻种植葫芦历史悠久，在中国葫芦文化以及范制葫芦文化、范制葫芦技艺的传承上卓有建树，历史依据比较充分，保护和发展措施比较明确。第二，天津宝坻的中国葫芦博物馆有着丰富的馆藏、文物和研究成果，葫芦庐小镇拥有千余亩种植基地。从实际情况出发，以史料为依据、实地考察研究结果为基础、科学分析为依托，提供了宝坻作为葫芦文化重要起源地的基本条件。第三，葫芦文化在民间流传久远，范制葫芦是最早的艺术形式，地方特色突出，技法多样，天津宝坻尤为突出。第四，建设中国葫芦文化展示中心、葫芦艺人交流平台、葫芦文化研究基地和葫芦信息库。

（二）小葫芦的大技艺和大文化造福宝坻一方

天津市宝坻区人民政府副区长陈秀华、天津市宝坻区文化和旅游局局长周振亮感谢评审论证专家们的肯定与支持，并表示：第一，希望结合葫芦庐小镇、中国葫芦博物馆等文化资源，运用区位、交通等优势，从文化旅游角度出发规划策划好葫芦文化，让宝坻拥有全国性的葫芦文化集散功能，

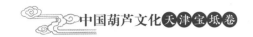

带动宝坻城乡经济一体发展。第二，以文化促进产业发展，把葫芦文化产业发展作为加快宝坻产业转型升级的利器，充分结合宝坻其他文化载体，做好传播工作，不断完善，扩大影响力。第三，下一步充分结合评审论证专家各项建议并积极落实，努力把宝坻打造成"北国江南、京畿重镇、人文宝地"。

葫芦是世界上最古老的作物之一，是中华吉祥文化的象征之一，范制葫芦是葫芦文化的重要组成部分，范制葫芦在天津尤为重要突出。

葫芦在我国古代、现代社会中占有重要位置，其轻巧耐用，栽培简单，因此成了人们生活中的必需品，在文化、社会、经济当中承担着重大使命。

中国葫芦文化重要起源地研究课题申报单位宝坻区文化和旅游局，在葫芦文化的历史挖掘、传承、弘扬等方面做了很多工作，在文化传播、产业规划与发展等方面有着较为具体的规划。

中国葫芦文化重要起源地研究课题组专家听取了中国葫芦文化重要起源地研究课题陈述人赵伟的汇报，天津市宝坻区副区长陈秀华、天津市宝坻区文化和旅游局局长周振亮为课题作了答辩，经过陈述、研讨、答辩、论证等环节，形成如下评审意见。

鉴于天津市宝坻区对葫芦文化保护和传承的实际状况，全面分析了该地区葫芦文化的历史和现状，尤其是范制葫芦技艺的基本形态、发展源流、保护和传承、文化价值等内容，认为《中国葫芦文化重要起源地研究课题申报书》资料详实、结构清晰，强调了民间文化传承的地域性和科学性。

天津宝坻在中国葫芦文化以及范制葫芦技艺的传承上，脉络清晰，历史依据充分可靠，保护和发展措施比较明确。

天津宝坻的中国葫芦博物馆有比较丰富的馆藏、文物和研究成果，葫芦庐小镇拥有千余亩的种植基地。中国民协葫芦文化专业委员会作为全国性葫芦文化专业研究机构也坐落于此，聘请了大批专家和艺术家。从实际情况出发，以历史史料为依据、实地考察调研成果为基础、科学分析为依托，提供了宝坻作为葫芦文化重要起源地的基本条件。目前在全国许多地方都有种植葫芦和传承葫芦技艺的传承人，葫芦文化在民间流传久远，地方特色突出，技法多样，故属于多元，以天津宝坻尤为突出，可以得出结论：天津宝坻是中国葫芦文化重要起源地，范制葫芦技艺重要起源地。

第二章 葫芦文化的艺术展示

　　经过数千年的发展传承，葫芦早已不再仅仅作为日用品出现在人们的生活中，而是更多地以工艺品、收藏品的形式为人们所熟知。每一门艺术都有自己的艺术特点，葫芦工艺术也不例外，不仅囊括了我国古代传统文化意涵，还是一门易学难精的手工技艺。传统的葫芦工艺多出自民间艺术家之手，他们往往以自己生活的时代为依托，牢牢结合生活实际，对葫芦倾注一腔感情与质朴的想象力，从而进行大胆的创作，我国的传统葫芦艺术也因此形成了明快、浑融、质朴的艺术风格，反映了人们对生活的美好期许与纯真愿望。

　　以范制葫芦为代表的诸多葫芦技艺不仅在向人们展示葫芦的观赏性和可塑性，更是在大胆地表现中华艺术家们惊人的创造力与想象力。小小葫芦，凝聚着一代一代艺术家的智慧与心血，葫芦工艺技巧的发展变迁何尝不是中华民族历史的缩影，葫芦上繁复精美的图案蕴含着中华文化的深厚

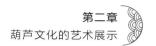

底蕴。真正的葫芦艺术，并不次于我国传统的书画、雕刻等艺术门类，同样讲究"意在笔先""胸有成竹"等艺术境界，葫芦上所出现的图案景致，同样需要达到以神写形、形神兼备、气韵生动、物我两化的境界。认识葫芦，了解葫芦的诸多艺术形态，也是一个学习和深化理解中华传统文化的过程。

而对于葫芦艺术家来说，其技艺水平的高低，取决于实践积累的多少，要达到较高的艺术水准，绝不是一朝一夕的功夫。尤其在物质极大丰富的信息时代，葫芦艺术家们一方面要潜心钻研，力求保存传统葫芦工艺，另一方面还要立意创新，不断发展葫芦工艺，创造与时代贴和的文化创意产品。以葫芦文化为代表的非物质文化遗产的发展不仅要靠政府部门"抢救"，还要通过工艺技术的进步和工艺品类的发展，从源头提高葫芦文化的活力。

第一节　葫芦庐与范制葫芦

一、葫芦庐的历史概况

葫芦庐位于天津市宝坻区大钟庄镇牛庄子村"葫芦小镇"，如今不仅是非物质文化遗产传承人赵伟的工作室和中国葫芦博物馆的所在地，更是范制葫芦工艺的重要传承基地之一。

葫芦庐创始于清朝光绪年间。创始人赵锡荣，即赵伟

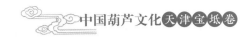

的太爷爷。赵锡荣自幼学习绘画，心灵手巧，擅长各种手工活，在家乡河北文安县是有名的能人。后来，赵锡荣因对葫芦工艺的浓厚兴趣而决定离开家乡，外出学艺。在徐水，他不仅学会了范制葫芦工艺，还学会了很多葫芦制作技法。赵锡荣知道天津是销售葫芦最好的地方，便带上全家老小，帮人制作葫芦。后来不仅在此定居，还创建葫芦庐作为自己的艺术基地。

第二代传承人赵广玺善于制作葫芦。当时天津的在理教正蓬勃发展，凡是加入组织者均要在家供奉一堂葫芦。所谓"一堂"，三枚、五枚、七枚、九枚、十二枚为一堂。同时，还要讲究全堂之仪容，大者居中，左右依次渐小，一一相称，同时色彩搭配也要和谐，讲究浑然一色。葫芦上还要刻上姓名和信奉的内容。而赵广玺就是专门制作这种葫芦的民间艺人。

第三代传承人赵学义在总结前人制作葫芦的基础上，发明了世界领先的烙画工具，申请专利9项。现在国内从事烙画的专业和业余爱好者多数使用的都是葫芦庐牌烙画工具。葫芦庐牌烙画工具还出口到美国、日本、加拿大、以色列等国家和地区，葫芦庐也从此不仅仅是个人工作室的代称，还是一个值得骄傲的文化品牌。

第四代传承人赵伟挖掘整理前人葫芦制作技艺，从葫芦种植到葫芦加工收集了完整的传统葫芦制作技法。现在所有葫芦工艺技法在葫芦庐都有专门的文字和图片、视频资料，并全部归档保管。赵伟不仅被联合国教科文组织授予国际民间艺术家的称号，同时还是中国民协葫芦文化专业委员会主任、天津市民协副主席，著有《葫芦工艺宝典》《葫芦收藏与鉴赏宝典》等著作，还与中国收藏界泰斗王世襄先生合著《葫芦品鉴与收藏》。

赵伟拥有 21 项葫芦专利，9 项烙画工具专利，还创建了中国首家葫芦博物馆。2006 年在淘宝注册店铺，是国内首个在淘宝经营葫芦和烙画工具的卖家；2007 年在淘宝注册第二家店铺，专门销售葫芦、葫芦籽、葫芦模具。

赵伟是被世界纪录协会认证为世界上掌握葫芦工艺最多的人、世界上收藏葫芦最多的人，主要传承了葫芦庐的范制葫芦工艺、烙画葫芦工艺、雕刻葫芦工艺、押花葫芦工艺、漆绘葫芦工艺等。其中，范制葫芦技艺是赵伟最擅长的葫芦工艺，也是葫芦庐传承百年的代表性技艺。2008 年，正值北京举办奥运会，赵伟范制的萨马兰奇葫芦被中国奥委会赠予萨马兰奇本人。

赵伟还曾受法国巴黎文化中心和巴黎十三区政府邀请在巴黎举办葫芦展览，并把中国葫芦文化传授给法国葫芦爱好者；受南非政府邀请，到南非进行葫芦展示；多次在各大媒体、社区、学校、部队、医院、监狱义务讲解葫芦工艺、葫芦收藏。

第五代传承人已有 30 余人。其中，赵珈莹被天津市民间文艺家协会授予新星奖，并随中国文化代表团出访俄罗斯；石刚获天津市第五届美术节金奖；赵珈莹、黄涛、宋国峰、石刚、孙斌获中国葫芦大赛金奖，杨洋、石莹、李媛获得银奖；申惠广获天津市旅游纪念品大赛二等奖；其他传承人也均有所造诣。

除此之外，赵伟还积极与天津高校如天津大学、天津科技大学、天津财经大学、天津农学院等合作建立产学研研究

中国起源地文化志系列丛书

葫芦庐内景

葫芦庐成就

葫芦庐所获荣誉

院，如与天津农学院联合开发智慧农业，机器人种植葫芦，葫芦素提取，葫芦新品种研发等科技项目；与天津财经大学珠江学院联合打造大师工作室，研制葫芦衍生品、葫芦创意包装等，共同促进葫芦工艺与葫芦工艺品的发展。

二、葫芦主题公园

2015 年，以葫芦庐为基础的葫芦主题公园建成，其所在地——牛庄子村正式成为以葫芦庐、中国葫芦博物馆、葫芦主题公园为一体的旅游度假村，是切切实实的"葫芦小镇"。葫芦主题公园是基于对优秀非物质文化产业项目在继承的基础上实现保护性开发的特色文化产业项目，是集生态文化、非遗传承、创意产业为一体的休闲体验式主题公园。

葫芦主题公园位于天津市宝坻区大钟庄镇牛庄子村，地处京津冀交汇之地，是一个神奇的地方，水质甚至要优于桶装水，土地绿色无污染，交通便利，自然环境优美。葫芦主题公园占地 1380 亩，是天津市首家生态研习基地、首家自然教育基地和首家非遗文化传习基地。公园的创建旨在以一流的硬件和创新模式快速汇聚特色文化产业集群，以公众平台提供孵化器服务，打造全方位非遗项目产业链，以国际化的视野进行产业复制，实现文化产业生态化的实践，引领非物质文化遗产与多领域多业态的深度融合。

葫芦主题公园内设有葫芦主题博物馆、百家坊非遗项目主题街区、文艺民居、百草园、藏书阁、生态食文化、葫芦市集、"银发族"养生社区以及自然农作园、田园牧场风情园、四季花海园、林果休闲园等项目。每年还会举办世界葫

芦大会、中国葫芦大赛、中国稻草人节、中国西瓜节、宝坻
大蒜节等活动。

中国葫芦博物馆是世界上最大的以葫芦艺术为主题的专
业化博物馆，可以向游客全方位展示从葫芦种植到工艺葫芦的
成品制作，以及与葫芦相关的口、盖、蒙心、托、架、包装等
相关衍生品。生态食文化可以让游客品尝到独具特色的葫芦
宴、葫芦酒等，使用的都是有机食材。葫芦种植区包括世界葫
芦欣赏区、葫芦采摘区、高端葫芦定制区以及特色葫芦认领
区。葫芦市集是在打造葫芦集市的基础上对宝坻旅游线路及特
色产品进行的开发，是实现"互联网+"与"文化+"深度融
合的重要途径。

葫芦主题公园创办人赵伟除了是葫芦庐第四代传承人，
还是香港文化创意教父荣念曾先生的学生，幼承家学，在葫

融合多种工艺的葫芦庐作品

国外葫芦作品

国外葫芦作品

中国起源地文化志系列丛书

国外葫芦作品

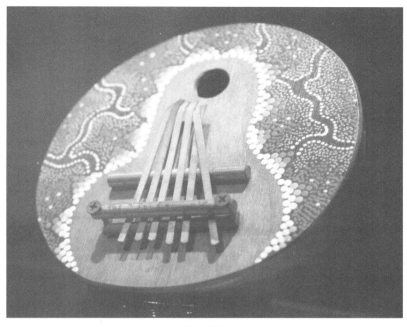

国外葫芦作品

琳琅满目的葫芦酒

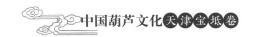
芦艺术的制作与研发上具有极深的造诣，在多个国家和地区举办过个人专题展览，作品先后被多国政要、世界知名博物馆收藏，在国内和国际上具有较广泛影响力。

葫芦主题公园的创建，是在原汁原味继承和吸收传统葫芦文化精髓基础上的现代产业化开发运营的宝贵探索，也是向现代人传播、普及传统葫芦文化，引领现代休闲文化新方式的有益实践。自葫芦主题公园开工建设以来，先后得到了天津市、宝坻区委和区政府等多个部门的重视和支持，新华社、《人民日报》、中央电视台、人民网、天津电视台、《欧洲时报》等国内外百余家新闻媒体对葫芦主题公园进行了专题报道。今后，葫芦主题公园将继续围绕葫芦主题文化产业深度挖掘特色文化资源，依托休闲旅游文化资源，做大做强特色文化产业，为天津市文化产业的发展作出更大贡献。

三、葫芦庐的名片——范制葫芦

范制葫芦是葫芦庐的拿手名片，也是具有历史文化底蕴的葫芦工艺品类。范制葫芦，指的是在葫芦还未完全生长发育时，用模具套住葫芦，使其无法自然生长，而只能在模具里有限的空间内生长成熟，人们最终通过后天的影响得到自己需要的葫芦形状。据考证，范制葫芦在唐朝就已出现，但唐朝距今时间甚远，史料记载较少，今人很难从有限的资料中获取大量有效信息。因此，对范制葫芦历史的梳理回顾一般从范制葫芦工艺大为繁盛的清代开始。

范制葫芦最辉煌的时期是在清康熙至乾隆年间。乾隆皇帝著有十多首吟咏葫芦的作品，可见当时宫中葫芦器皿之繁

范制葫芦作品

范制葫芦花瓶

范制葫芦花瓶

多、常见。民间存在一种说法认为，当时民间范制葫芦容器精美绝伦，不久被统治者发现，并被引入宫廷，逐渐成为宫廷艺术。无论这种说法是否可信，不可否认的是，范制葫芦曾是一种既登得大雅之堂也入得百姓之家的艺术品类。

清朝时期，除了首都北京，范制葫芦比较发达的地区还有天津、三河和徐水。

天津因漕运、通商之便利，加上临近北京，深受晚清八旗文化影响，玩虫斗虫之风甚盛，聚集了大量蓄养鸣虫的玩家，因此虫具的需求量非常大，天津的范制葫芦也以范制虫具为主。当时天津范制虫具最有名的莫过于葫芦艺人旋生，时至今日，旋家仍有人以范制葫芦为业。

三河也是晚清时期有名的范制葫芦胜地，出产的葫芦工

各种图案的范制葫芦

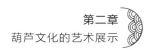

艺品以当地的刘氏葫芦最为有名，民间皆称"三河刘"。三河刘做范制葫芦有自己的特征，其一是会于不起眼处留下自己的小标记，以作防伪标志；其二是一律用六块瓦做模具。由于三河刘鲜明的个人特色，仿制者甚多，但真正能以假乱真的却寥寥无几。

徐水的范制葫芦在清代也非常出名。由于徐水旧时被称为安肃，因此，人们将徐水一地出产的范制葫芦称为"安肃模"。清代许多宫廷葫芦匠人为安肃籍，后来清灭亡，这些匠人被遣散回家，也就将精美的葫芦制作工艺带回家乡，民间本就存在的葫芦技艺与宫廷葫芦的精雕细琢相结合，使安肃，即后来的徐水，葫芦工艺水平有了迅速的提升。

葫芦庐的范制葫芦工艺是在徐水范制葫芦基础上衍生发展而来，且百年来传承不断，融合了当下的科技发展与创作理念，因此，可以毫不夸张地说，不仅范制葫芦是葫芦庐的名片，葫芦庐也成就了如今人们所能看到的形色各异的范制葫芦。同时，由于宝坻的水土好，气候环境适合种植葫芦，不少艺术家选择将宝坻作为范制葫芦的培育基地。虽然，葫芦庐不是宝坻唯一的一家葫芦艺术工作室，且葫芦庐所经营的葫芦艺术品花样繁多，范制葫芦只是其中的一个分支，但不可否认，提到范制葫芦，天津宝坻的葫芦庐是无法避开不谈的。天津葫芦庐范制葫芦技艺已被列入天津市非物质文化遗产名录，制作的范制葫芦沿袭了宫廷范制葫芦的老式做法，被称为"最具宫廷范的范制葫芦"。

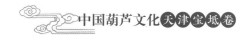

第二节 范制葫芦的艺术形态

范制葫芦工艺乍听之下并不复杂，只需在葫芦还未发育成形时，通过模具的使用，来达到目标形态。事实上，勤劳聪慧的中国人民早已学会将模具应用在生活的方方面面，小到用模具制作糕点，大到用模具铸造兵器，模具的应用见证了诸多事物的可塑性。然而，在具体操作过程中，范制葫芦却大有学问。

一、范制葫芦的种类

第一种是"夹范"，也称为扁平葫芦，是最简单的范制方法。只需在葫芦幼年时期取两块大小合适的木板，在木板四个角上分别钻孔，然后用木柱固定住，让葫芦生长为扁平状。现在技术大大进步，木板也可以用平面玻璃或者有机玻璃来代替，选择性更多了，很多固定用的零件也容易获得。但需要注意的是，固定用的木板或玻璃不宜选取过小的，因为葫芦生长速度非常快，如果木板或玻璃过小，很有可能会被葫芦挤破，前面的功夫也就白费了。夹范还有一种衍生品种，原理基本相同，只是四面都需要用板固定住，葫芦成熟后四面均呈现扁平状，整体上看是方形，因此被称为方形葫芦。

第二种是"素范"，即模具上没有花纹的变化，仅通过

范制虫具

形状来体现葫芦的艺术性。看起来简单的往往也是最难成功的，素范对造型设计的要求特别高，对艺术家的想象力是一种较大的考验。

第三种是"花范"，即通过范制将葫芦变成各种精美的器物，甚至是人物塑像。比起前两种，花范更为精致细巧，表现力更强，当然，对艺术家的能力也是一种巨大的挑战。很多日用的碗、摆件、虫具等均是通过花范做出来的。

范制扁壶

范制钱形纹碗

创意范制葫芦作品

中国起源地文化志系列丛书

范制虫具

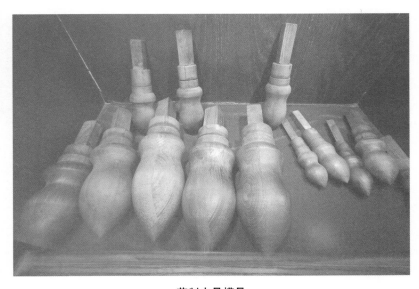

范制虫具模具

范制葫芦与彩绘葫芦

各种形态的范制葫芦

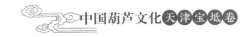

范制鼻烟壶

二、范制葫芦模具

范制葫芦的成败，主要在于模具的制作。许多模具本身就是做工精良的艺术品，收藏价值不比一些葫芦工艺品低。

目前我国市面上的葫芦模具主要有木头、瓦、纸、石膏、水泥等材质，海外也有一些地区采用金属来做葫芦模具。从实践经验上来说，传统瓦、木头等质地的模具因其不透明，操作者难以掌握范制葫芦的生长进程，只能待收获时将模具剖开，才得以查看范制葫芦的具体生长状况，一旦失败，很难再做补救措施。而且很多瓦模都是一次性的模具，只有将其砸碎，才能将范制好的葫芦取出，下次再做需要重新塑模，较为费时费力。

因此，从实用角度来看，一些新的材质，如玻璃钢、透明塑料等是更为优质的选择，不仅耐水、耐油、耐酸碱、耐腐蚀，透明的设计还比较容易看到范制葫芦的生长情况，葫芦长满模具时可以打开模具，让葫芦继续生长，减少失败概率；组合设计也使一些模具可以反复使用，以螺丝钉固定模具，以塑料膜裹住葫芦蔓与模具上端接触部分，可以起到阻止雨水、昆虫、沙土进入葫芦模具的作用。但是，这些新型材质的成本也要高出许多。

当然，范制葫芦模具的选择也不是随意的，有阴模和阳模之分。模具又称撞子，一般由木头制成，从清朝开始，葫芦撞子都有其特殊的制作标准，从器型的选择到图案的配制都有一套严格的规范，撞子的名称也是从清朝就传下来的，轻易不会更改，具体来说，分为荸荠扁、线轴、棠梨肚、滑车、小香炉、沙壶酒、平底鸡心、摇铃尊、漱口盂、步步蹲、观音瓶等。葫芦庐拥有从清朝至今的2000余种撞子，这些撞子可以说是国宝级藏品。

葫芦撞子

第三节　葫芦工艺鉴赏

一、勒扎葫芦

　　勒扎葫芦，有些类似范制葫芦，都是在葫芦生长过程中人为地对其进行干预，从而达到自己想要的效果。只是相对于范制葫芦需要用到各类模具，勒扎葫芦只需要若干根绳子或电线，操作过程相对简单一些。

　　虽然勒扎葫芦技法相对简单，但在对葫芦进行勒扎时，依旧不能掉以轻心。勒扎前要做好构思，绘制出计划图。勒扎时手法要轻，不能伤害到葫芦。勒扎后还要注意观察葫芦的生长情况，做好记录。勒扎后的葫芦表面往往呈现网格状或多瓣图案，别有一番情趣。

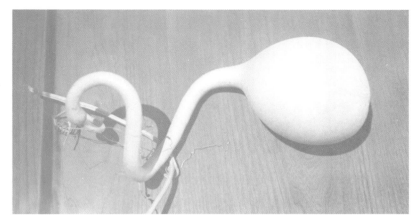

勒扎葫芦

勒扎葫芦

范制葫芦与勒扎葫芦

二、烙画葫芦

烙画葫芦，又名火画葫芦、烫画葫芦、火笔画葫芦等，指的是以铁针或钢针插入点燃的香中在葫芦表面进行描摹绘画的工艺技法。相传我国人民早在汉代就已掌握了烙画葫芦的技艺，可惜后来因战乱频发，此技艺不幸失传。直到清代光绪年间，通过民间艺人对残存资料的搜集整理，烙画葫芦才又重新出现，流传至今。

传统烙画葫芦

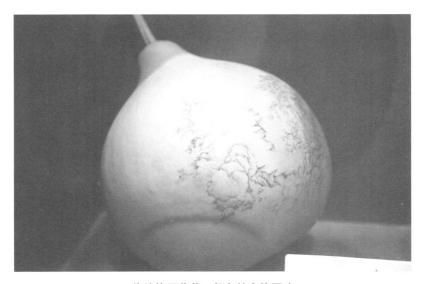

传统烙画葫芦，颜色较电烙更淡

中国起源地文化志系列丛书

烙画葫芦

　　过去烙画使用的都是插入香中的铁针或钢针，温度不好掌控，温度直接与烙画出来的浓淡相关，因此烙画出来的效果也经常不理想，烙画所用的香燃烧还会产生烟雾，非常考验艺术家的烙画技术。后来，随着工艺的进步，出现了专门的烙画笔，可以通过对电流的调节来控制温度。同时，烙画笔还配有多种笔头，用笔粗细有了多种选择，烙画也从单纯的"烙"衍生出更多样的绘制手法。

　　需要注意的是，烙画所使用的需是颜色较浅、风干成型的葫芦，这样用笔的浓淡才较容易体现出来。另外，烙画技艺除了考验作画者的烙画手法，还非常考验作画者的美术功底，作画前需进行草稿打底。不同于一些可以上手把玩的文玩葫芦，烙画葫芦一旦完成，便不宜触碰，以免导致烙画葫芦褪色甚至破损，所以烙画一般只应用在摆件上，而不应用于碗、瓶、虫具等实用物件上。

　　烙画葫芦的内容，主要以动物、山水风景、人物、书法、民间信仰等为主。当然，现在文化发展日新月异，以上几类只是过去传统的烙画类型，文化创新与文化多元也应当体现在烙画内容的革新上，艺术家大可以发挥创造力，创作出与众不同的烙画葫芦作品。

　　烙画工艺往往不是孤立存在的，常常可以和范制、勒扎等工艺相辅相成。范制、勒扎等工艺毕竟不仅仅靠人为，也需要依靠葫芦自身的生长状况，若葫芦成型后不尽如人意，或一些葫芦表皮出现瑕疵，都可以通过烙画技艺对其进行修补或增光添彩，从而达到理想的效果。但是经过修补过的葫芦品质自然无法和浑然天成的葫芦相提并论，烙画所能做出的补救也仅仅是相对于原先的破损与瑕疵而言的。

中国起源地文化志系列丛书

烙画葫芦

烙画葫芦

中国起源地文化志系列丛书

烙画葫芦

由于工具的限制，传统的烙画葫芦颜色较为单调，不仅颜色单一，轻重浓淡也不好控制，所以很多烙画葫芦颜色痕迹都很暗淡。艺术家在总结经验的基础上又创造出了一条分支——彩绘葫芦，突破以往单调的颜色，让葫芦绘画艺术变得多姿多彩。同样是在葫芦上作画，作画时同样需要讲究立意和布局，但彩绘葫芦还需要注意色彩搭配的合理性，通过更加明快艳丽的色彩，给人以美的享受。

各种图案的彩绘葫芦

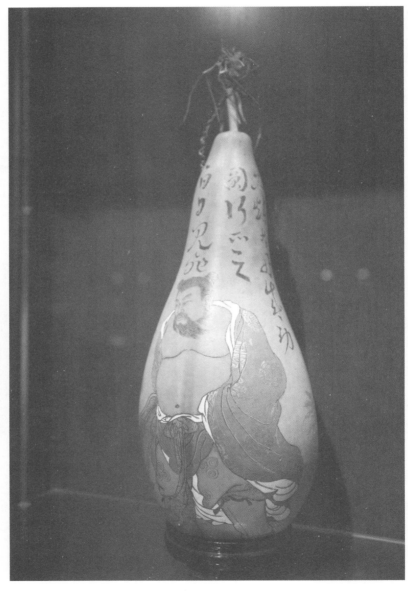

彩绘葫芦

彩绘葫芦

中国起源地文化志系列丛书

彩绘葫芦

中国起源地文化志系列丛书

彩绘葫芦

中国起源地文化志系列丛书

彩绘葫芦

三、雕刻葫芦

雕刻葫芦，指的是通过用刀或钢针等雕刻工具在葫芦表面雕刻出花纹图案或文字。葫芦成熟后，皮质硬且厚，人们可以通过对雕刻力度的控制，得到层次不一、色彩丰富的图案。

　　雕刻是葫芦工艺中重要的一种，雕刻葫芦在明清两朝曾盛极一时，出现了大量专攻雕刻的葫芦工艺大师，所创作的作品雕工精湛，作品内容雅俗共赏，在传承发展中还形成了不同的雕刻葫芦工艺流派，一直传承不息。1949 年以后，雕刻葫芦工艺曾一度衰落，直到 20 世纪 80 年代，不仅传统技艺重新崛起，还出现了雕刻钻、雕刻机等新型雕刻工具，不仅省时省力，甚至一些简单的图案雕刻已经可以完全依靠机器来完成。

　　雕刻葫芦在艺术呈现上常常和烙画等工艺具有异曲同工之妙，均通过在葫芦上展示山水、动物、书画乃至民间信仰等内容，表现艺术家的审美。但需要注意的是，雕刻葫芦的立体性更突出，除了可以在葫芦表面雕刻各种内容，也可以打破葫芦原有的形状，制作出更大胆、更多元的雕刻葫芦作品。

　　现在很多人虽然欣赏雕刻葫芦，但因为雕刻葫芦需要对葫芦表皮造成一定破坏，从而认为雕刻葫芦破坏了葫芦的本真之美。而且雕刻葫芦不适合上手把玩，否则不仅会让刻痕中留有污渍，甚至会对雕刻好的花纹有所磨损，因此有些玩家不爱收藏雕刻葫芦。但事实上，雕刻葫芦往往比范制葫芦更值得收藏。首先，雕刻葫芦无法批量生产，艺术家雕出一件就是唯一的一件，而范制葫芦可以用相同模具反复制作；其次，雕刻葫芦比范制葫芦更考验艺术家的艺术功底，没有一定的功力积淀，难以涉及此领域。

　　雕刻葫芦一般分为微雕、浮雕、镂空等，其区别从名称上便很容易分辨出，也有人认为，浮雕、微雕等技法从下刀难度上更考验艺术家的技巧，因此应该独立成一个专门的技艺分支，这种说法也不无道理。但无论怎么分类，雕刻葫芦的艺术价值是毋庸置疑的。

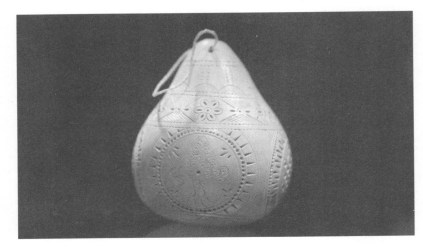

雕刻葫芦

雕刻葫芦

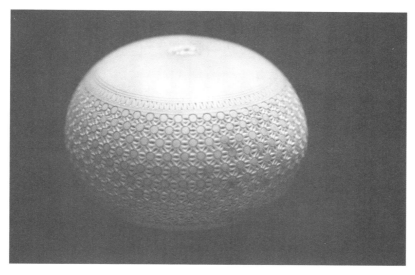

雕刻葫芦

雕刻葫芦

雕刻葫芦

创意雕刻葫芦作品

创意雕刻葫芦作品

四、押花葫芦

押花，也叫掐花，与雕刻葫芦有相似之处，都是通过刀片在葫芦表面刻出花纹。不同的是，雕刻需要在葫芦表皮留下痕迹，而押花葫芦力求与葫芦本身浑然一体，下手更轻，不伤表皮，尽量让人难以识别雕刻的痕迹。更确切地说，押花葫芦所用的手法不是刻，而是押、挤、按等更强调下手分寸感的手工技法。

押花葫芦技法据传起于清代康乾时期，但留下的押花葫芦相当有限，押花葫芦真正兴盛应该是在晚清至民国时期。一开始，押花仅仅是作为范制葫芦的补充，为修补瑕疵而存在。但随着时间推演，押花工艺不断发展，渐渐开始作为一种独立的葫芦工艺门类而存在，立体感与图案的有机融合，

押花葫芦

押花葫芦

押花葫芦

流畅的线条与葫芦本身线条的勾连，这些都让押花葫芦深受葫芦艺术爱好者的青睐。

五、漆绘葫芦

漆绘葫芦，指的是使用彩漆在葫芦表面作画。不同于范制葫芦、烙画葫芦、雕刻葫芦、押花葫芦等传统葫芦工艺，漆绘葫芦是在新时代背景下借鉴漆画发展而成的一种崭新技艺。

漆绘葫芦，调漆是非常重要的一步，漆绘所用的生漆与许多颜料易发生化学反应，调制不当的话，生漆会变色发黑。其实古代亦有给葫芦上漆的历史，只是古代常用的石青、铅粉等颜料易导致漆变暗发黑，因此作画效果不佳，未形成气候。现代工艺中经过改良的漆完全可以避免变色，可调配出的色彩也更丰富多样，为作画者提供了多样的选择。

漆绘葫芦

漆绘葫芦

漆绘葫芦

六、系扣葫芦

系扣葫芦，又称结扣葫芦、挤扣葫芦，意思类似，都是以打结的方式表现葫芦的艺术特性。系扣葫芦可以选择单个葫芦系扣，也可以选择多个葫芦一起系扣。系扣葫芦是所有葫芦技法中难得的将多个葫芦组合在一起做造型的。由于对柄部的要求较高，因此，只有长柄葫芦适合打结。

与范制葫芦、勒扎葫芦类似，系扣葫芦也属于种植工艺，不能等到葫芦长成再进行操作，不然那时葫芦质地较硬，可塑性极弱，难以再做任何造型。但也不能过分着急，葫芦幼小时柄部也极小，形状也不分明，打结难度高。最好选在葫芦开花后一到两天开始进行操作，此时葫芦大小适宜、柔韧适中，状态极佳。另外，也不是一天之内所有时间都合适，正午阳光最烈，水分蒸腾剧烈，葫芦也比其他时间要柔软，方便上手。打结时注意不要破坏葫芦的枝蔓，连同葫芦藤在内，打一个或几个比较松散的结，因为葫芦还在生长，随着枝条蔓延，扣会越来越紧，如果一开始就系紧扣，葫芦很快就会受到挤压而变形，影响品相。当然，如果打结的力度控制得不好，随时可根据葫芦的具体生长状况进行调整。

还需要注意的是，给葫芦打结也不是一下子就能完成的，同样需要一定的过程。葫芦的一端长在藤架上，另一端自然垂下，垂下的那一段用绳子或布条与顶部连接，这样慢慢葫芦就会被拗成一个圆形。接下来的几天每天都要揉搓葫芦，慢慢让底部向中心的圆内伸，进而打出一个结来。这些操作同样应该选在中午进行，而且动作一定要轻柔缓慢，以免将葫芦拗断，否则就前功尽弃了。多个葫芦打结原理类似，最多可以做到四五个葫芦一起打结。

三个葫芦系扣

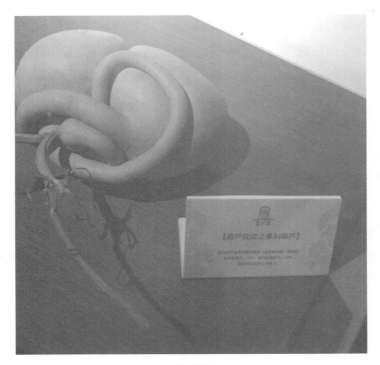

系扣葫芦

第四节　葫芦文化的发展与创新

勒扎、烙画、雕刻、押花、漆绘、系扣是较为常见的葫芦工艺形态，事实上，目前存在的葫芦工艺远超过这六种。一方面，葫芦工艺门类在不断发展壮大；另一方面，葫芦与当下的生活、审美也结合得越来越紧密。

一、葫芦工艺的衍生发展

对传统葫芦工艺的整理与完善是葫芦文化发展的基础，如何在此基础上不断进行超越，这是葫芦工艺传承者们一直在思考与探索的问题。同时，葫芦工艺在海外许多国家同样存在且各有特色，我国葫芦工艺的创新需要更多地将中华元素融会进去，不仅要体现美，还要美得有根基。以刺绣葫芦、青花葫芦、蜡染葫芦、吹塑葫芦等为代表的新型葫芦工艺类型，不仅外观赏心悦目，让人耳目一新，还往往与我国优秀传统文化相结合，具有深厚的文化底蕴。

1. 刺绣葫芦

刺绣葫芦，顾名思义，是将我国精美的刺绣工艺与葫芦相结合。制作步骤大概分为三步：首先确定葫芦表面大小，进而确定图案比例；然后在纸上绘制图案草稿，定稿后，将图案移到绣布上，用针绣出想要的图案；最后将图案剪下，背部涂上专用的胶，粘在葫芦上即可。

刺绣葫芦工艺产生时间不长，但与其他工艺技法一样，都能对葫芦起到修饰和美化作用，具有较高的收藏价值。

刺绣葫芦

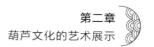

2. 青花葫芦

青花葫芦是以我国青花瓷为灵感，将青花图案绘制在葫芦上，显示出独一无二的淡雅清新。

青花葫芦

3. 蜡染葫芦

蜡染，是我国云南、贵州等地少数民族常用的一种纺织品印染工艺，常呈现白底蓝花或蓝底白花的图案，既大方朴素，又飘逸悠远。蜡染通常是在布料上进行，葫芦庐创造性地将蜡染与葫芦相结合，使葫芦展现出难得一见的民族风情。

蜡染葫芦

4.吹塑葫芦

吹塑是 20 世纪中叶才出现的一种塑料加工方法，常用来生产各种塑料容器。吹塑葫芦则是使用吹塑彩笔直接在葫芦上创作，因其色彩艳丽而深受少年儿童喜爱。

吹塑葫芦

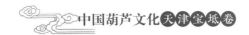

5. 镶嵌葫芦

镶嵌葫芦不是单一的技艺类型，需要运用到雕刻、粘贴等方法，一方面要提前绘制草稿，做好设计工作；另一方面在需要运用到颜料的时候要提前调配颜料。至于镶嵌的材料，可以说五花八门，既可以是铜钱、玉石、银质工艺品等器物，也可以是银粉、金纸等原材料，并没有太大的限制，只看艺术家的想象力，以出奇制胜为选料标准。

葫芦的底色一般会选用较深的颜色，这样有助于明亮色彩的表现；雕刻或绘画的内容一般选用人物、花鸟、山水等传统书画内容。当然，如果有好的创意，一切限制也都是不存在的。与其他葫芦技法相似，具体制作时也要考虑到布局的合理性与整体性，尽量做到美观大方。

镶嵌葫芦

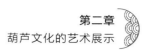

6. 社火葫芦

　　社火是我国一种传统的春节庆祝仪式，是春节期间一系列娱乐、祭祀活动的统称，在我国民间有着深厚的历史文化基础。陆游的诗作《游山西村》有："萧鼓追随春社近，衣衫简朴古风存。"其中的"春社"，指的就是社火，可见起码在宋代以前，社火就是存在的。古代生产力低下，人们对自然是畏惧的，对喜怒无常、时常降下灾害的世界是恐惧的，

社火葫芦

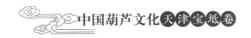
因此，只有通过一系列的祭祀活动祈祷来年风调雨顺。最原始的祭祀活动，便是将朱砂等材料涂抹在脸上，将羽毛插在头上，将自己尽量"装扮"得喜庆一些，打扮好的人们拉起手来唱歌跳舞，一方面是对人们一年到头辛勤劳动的歌颂，另一方面也希望能借此求得上天对人间的宽容。后来便渐渐衍生出社火面具，图案夸张，色彩碰撞强烈。可以说，社火面具是悠久文明的见证，体现了人类历史发展的深厚积淀。

社火葫芦以社火面具为灵感，制作方法与彩绘葫芦相似，都是选好要用的葫芦，设计好草图，然后绘制上色。社火葫芦色彩艳丽，且与我国最重要的传统节日——春节相联系，因此深受人们欢迎，具有极强的观赏价值。

二、葫芦与文化创意

葫芦的收藏毕竟只局限在部分葫芦收藏家与葫芦爱好者之中，普通人或是缺乏葫芦鉴赏的知识，或是对传统葫芦艺术品兴趣不大，如何让更多的人愿意亲近葫芦、了解葫芦，进而学习我国璀璨悠久的葫芦文化，这就涉及葫芦的文化创意问题。

文化创意一方面紧抓传统文化，另一方面还要对当下的文化潮流有所观照，突出新奇、有趣，进而抓住普通人的心。当然，文化创意必须是原创，因此也需要投入大量智慧与心血，文化创意产品能在市场上占据一席之地，也并非一朝一夕可以完成。葫芦庐在葫芦文化创意方面一直颇为注重，大到中国葫芦博物馆、葫芦主题公园的建立，小到各种葫芦文化创意产品的开发，都体现了葫芦庐对葫芦文化发展的专注用心。由于前文对中国葫芦博物馆和葫芦主题公园已有介绍，在此不作赘述，只对目前葫芦庐开发的葫芦文化创意产品作一些简略介绍。

1. 葫芦配饰

中国传统的配饰包括簪子、钗、环、冠等，随着时代发展，如今人们使用更多的是项链、胸针、手镯、手串、耳环、护身符、发卡、手机链、包链等，葫芦庐对各种配饰挂件均有所开发。制作时一般选用袖珍的小葫芦，根据需要保留小葫芦的一部分或将其打磨成一定的形状，或在葫芦上绘制一定的图案，再配以中国结、珠子、穗子、香草、干花等辅件，以绳子串起，既具有观赏性与实用性，又古色古香，体现葫芦文化的传承。

葫芦项链

2. 葫芦表

如今人们使用的钟表多是机械表和电子表，表盘一般是金属或塑料等材料制作而成。葫芦表比市面上常规的钟表新奇有趣，表针、表芯仍可选用市场上通行的金属表针、电子表芯，重点在于以葫芦为原材料的表盘的制作。葫芦表盘可以根据个人喜好随意绘制，比较代表性的表盘图案有十二星座等。

众所周知，钟表收藏是一件颇为奢侈的爱好，手工的机械表造价不菲，许多钟表爱好者因财力限制难以企及。葫芦表则打破了这种限制，葫芦易得，且可根据个人喜好定制各种独一无二的表盘，体现了葫芦表的特殊性。另外，葫芦表采用电子内芯，可正常运转，除了观赏性，实用性也很强。

葫芦表

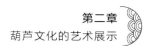

3. 葫芦酒

　　葫芦富含多种维生素和人体必需的微量元素，因此葫芦作为食品或是药材都是不错的选择。葫芦泡酒不仅新奇有趣，还具有一定的保健作用。葫芦庐还创意性地将范制好的葫芦加入酒中，增强了葫芦酒的观赏性，能够吸引一部分药酒收藏爱好者。葫芦庐葫芦酒的特点是：清香纯正，醇甜柔和，自然谐调，余味爽净，酒色金黄，葫芦漂亮。可以概括为清、正、甜、净、长五个字，清字当头，净字到底。采用古法酿造，百分之百的纯粮食酒，颇具趣味。

葫芦酒

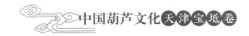

4. 葫芦灯

葫芦灯的制作较以上几种更为复杂，不仅需要选取合适的葫芦，在葫芦表面雕花、镂空、镶嵌，还需要掌握一定的电学知识，留好灯泡和线路的位置，将美观与实用相结合。

制作时首先要选取合适的葫芦，可以是未经加工的素葫芦，也可以是已经过范制塑形的葫芦；然后用铅笔在葫芦上打好草稿，用工具根据草稿钻孔、雕刻；上一步完成后还可以根据喜好给葫芦上色或镶嵌珠子，作为装饰；最后给葫芦灯装上灯泡。夜晚打开葫芦灯，灯光透过孔隙照出，葫芦的色彩与珠饰愈发华美，实用之余又给人以美的享受。

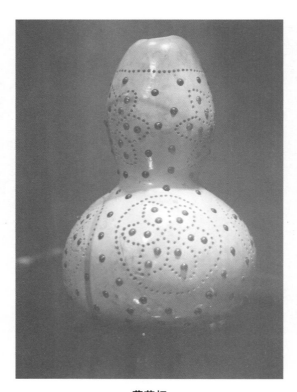

葫芦灯

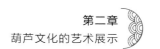

5. 葫芦棋

　　中国象棋有着悠久的历史，是我国一直以来广为流行的益智棋盘游戏，"楚河汉界"等名称皆透露出中国象棋所蕴含的文化底蕴。葫芦庐创造性地将葫芦做成棋子，棋子虽小，但大小均匀、工艺精巧，既体现葫芦庐艺术家的精工巧思，也将葫芦与中国象棋相融合，让两种源远流长的传统文化汇聚，碰撞出新的智慧火花。

葫芦棋

　　以上是目前葫芦庐一些代表性的文化创意产品，包含了食用、日用、装饰、休闲等多个方面，可以说将葫芦文化发挥到了极致，在关注实用性的基础上，给予人们极大的美的享受，也为葫芦文化进一步产业化打下了坚实的基础。

第三章 葫芦文化的产业生态

　　葫芦文化虽然在我国的历史画卷上留下了灿烂的篇章，但时代在快速发展，大量新鲜事物不断涌入，现代社会的快节奏对艺术提出了更多要求。葫芦文化不仅需要完整地传承下去，更需要能够以产业化的形式融入当今社会。只有从内里焕发光彩，才能实现真正积极有益的发展传承。

　　天津宝坻的葫芦庐可以说是我国葫芦文化的重要起源地，也是范制葫芦文化的重要起源地，更是我国葫芦文化发展的一个集中展示与缩影，人们通过琳琅满目的葫芦艺术品展示认识葫芦、了解葫芦，但认识与了解过后，如何让人们不是将葫芦抛诸脑后，而是愿意将葫芦文化介绍给更多人，如何通过完整的产业链条，让葫芦真正活跃在人们的生活中，这是如今葫芦文化发展不得不面对的一个问题。另外，虽然范制葫芦是葫芦艺术的重要分支，但其知名度至今仍局限在圈内，人们可能见过甚至是使用过范制葫芦，但对其缺乏系统性的了解。因此，这些年葫芦庐也在利用自身文化资源进行积极的宣传，这既包括邀请名家前来葫芦庐，也包括举办艺术交流活动和相关讲座、赛事等，这样不但可以产生一定的名人效应，同时也为葫芦艺术的发展储备了充足的人才资源。

第一节　范制葫芦文化的宣传与推广

一、娃娃庙会

庙会是中国民间重要民俗活动之一，是民间文化交流和展示的重要平台。随着时代的发展，庙会从过去单纯的贸易交易功能，逐渐发展出手工艺展示、戏曲演出、文化交流与推广等功能。在诸多庙会种类中，新年庙会往往是最受人们关注、场面最盛大、参与人数最多的。娃娃庙会是天津市非物质文化遗产办公室与共青团天津市委员会、天津市精神文明建设委员会共同推出的少儿文化教育活动，教育方式生动、教育主题深刻，连续多年举办，且一般在春节前举行，是天津市青少年活动中难得一见的盛会。娃娃庙会每年都推出不同的庙会主题，而众多参加单位会根据主题量身制造展品。孩子们在老师的带领下，不仅可以领略各种非遗技艺的奇妙，还可以跟在场的手工艺者学习手工技艺，以各种形式传递美好祝愿。

葫芦庐作为非物质文化遗产传承的重点项目单位，连续多年参加娃娃庙会，于娃娃庙会现场宣传展示葫芦庐代表性的范制葫芦以及各种精美的葫芦挂件、葫芦摆件等，不少孩子与家长驻足观看，对精巧的葫芦技法表现出浓厚的兴趣。葫芦上炫彩的图案融合了多种新春元素，也迎合了娃娃庙会所提出的"感受非遗魅力，传承中华文化"等主题，借此让少年儿童亲近以范制葫芦为代表的中国葫芦文化，为中国葫芦文化的宣传与推广奠定了良好的基础。

2015 年天津娃娃庙会现场

二、中国葫芦大赛

中国葫芦大赛至今已举办了多次，选拔了数以千计的葫芦艺术品，对鼓励葫芦艺术新人和相关技艺交流起到了重要的作用。大赛一般由天津市文学艺术界联合会、天津市民间文艺家协会、天津市非物质文化遗产保护中心主办，相关艺术单位承办。

葫芦庐作为葫芦文化的重要阵地，多次承办中国葫芦大赛，大赛主题有"让葫芦融入生活"等，大赛入围的作品不仅可以结集出版发行，葫芦庐还在中国葫芦博物馆内设售卖专区进行售卖。可以说，大赛不仅是一种简单的荣誉赛事，同时也是一种将参赛选手作品商业化的有效艺术途径。另外，大赛组委会还在评选优秀葫芦艺术品之余，举办相关征文、摄影、书画展等活动。葫芦小镇特设的葫芦市集既是入围艺术品的展区，也是随大赛所设的集会所在地，人们在欣赏、购买葫芦艺术品之余，还可以通过摄影、品画、赶集等活动，全方位地体验"葫芦艺术盛宴"。

三、葫芦文化旅游节

提到中国葫芦大赛，便不能不说葫芦文化旅游节。作为中国葫芦大赛的长期承办单位，天津宝坻葫芦庐经常同时举办中国葫芦大赛与葫芦文化旅游节，二者互为依托，相互补充，共同打造一场葫芦文化盛会。

从 2017 年开始，葫芦庐每年都举办葫芦文化旅游节，

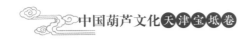

每年推出不同的旅游主题，如"遇见葫芦，创意改变生活"等，以此鼓励各地游客前来天津宝坻葫芦小镇度假。在葫芦小镇，游客既能感受丰富多彩的葫芦文化，欣赏精美绝伦的葫芦艺术品，更能放松身心，体验农家悠闲生活，缓解生活压力。

除了对葫芦艺术品的展示，葫芦文化旅游节还贴近时下生活，尝试通过多种方式进行宣传，如葫芦文创设计展、九道葫芦文化展示、中国葫芦文化研讨会、"一堂葫芦"公益献爱心活动、中国葫芦大赛、亮出您的绝活——葫芦秀场、葫芦文化摄影大赛、葫芦庐小镇直播等活动。相关的 30 余位美食达人的直播和微信公众号、微博"大 V"发布的活动内容共计有 500 万人次观看了活动图片和介绍，另外，中央电视台、新华网、人民网、《天津日报》、天津电视台、北方网、今日头条等 50 余个传统媒体和自媒体都曾对葫芦文化旅游节进行报道，产生了较为广泛的社会影响。

四、公益讲座

葫芦庐定期举办公益性质的葫芦技艺讲座，由非遗传承人赵伟先生主讲，目的在于推广以范制葫芦为代表的葫芦文化，让更多人亲近、学习葫芦技艺，甚至进而成为专业的葫芦手工艺人，为中国葫芦文化的发展添砖加瓦。课程从基础素描开始，涵盖葫芦的各种技法，整个课程将近 1 年。讲座收到了良好的效果，每期上课的学员都在 50 人左右，既为葫芦技艺储备了一定人才资源，也扩大了天津宝坻范制葫芦文化的影响力。

赵伟先生在授课

五、校园交流

来葫芦庐参观交流的高校众多，其中以天津美术学院为代表。天津美术学院葫芦社团曾多次来到葫芦庐艺术馆，开启了"葫芦的艺术，让我们传递"等主题活动。在活动现场，葫芦社团负责人、葫芦庐第五代传承人申慧广为学员们进行了烙画示范，葫芦庐第五代传承人李媛为学员们讲解了葫芦庐的历史，葫芦庐第五代传承人黄涛为学员们讲解了葫芦镶口，学员们边听边自己动手制作葫芦。

第二节 范制葫芦文化发展存在的问题

虽然目前我国葫芦文化发展状况良好，非遗传承人众多，文化创意产品层出不穷，以葫芦小镇为代表的产业园区

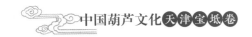

已经形成，也得到了相关单位的重视和支持，但不可否认的是，目前来看，以天津宝坻葫芦庐为代表的范制葫芦文化还存在一定的问题。

中国起源地文化中心多位智库专家在多次调研、充分讨论的基础上，对天津宝坻范制葫芦文化产业化中所存在的问题进行了高度的总结概括，并提出了解决的方法，具体内容如下。

第一，虽然范制葫芦文化喜爱者众多，研究也小有成就，但相应的搜集整理工作却并没有跟上。据此，专家们建议，将已有研究成果搜集起来，建立葫芦文化研究的数据库，供相关研究与爱好者们查询、学习钻研。另外，考虑到由葫芦艺术家们来承担相关研究工作并不现实，可以由政府出面，建立葫芦文化研究团队，由研究团队进行信息搜集、整理、研究等工作。团队可以与高校或科研院所合作，团队人员采取聘任制并定期流动，主管单位定期根据研究情况决定是否要为研究团队增添新鲜血液。相关的研究成果也可以定期结集出版，甚至可以配上插图彩绘，制作成青少年读物，与课本互为补充，增强孩子们对葫芦文化的了解与喜爱，起到对葫芦文化的普及作用。

第二，范制葫芦文化宣传手段不够。虽然葫芦庐参与的社会活动、文化交流不少，媒体也持续跟进追踪报道，但宣传受众仍局限在本地学生、葫芦爱好者之中，愿意前来交流的多是天津附近高校的兴趣社团与艺术家，文化辐射范围不够大。产业化的第一步应该是增加受众。因此，专家们建议，根据已有的研究成果制作宣传片，介绍葫芦文化的发展历史、发展概况，将简单的文字表达转换为音像成果，并积

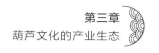

极投放市场，加强宣传。资料的搜集整理绝非最终目的，否则，整理工作便会沦为"面子工程"，通过资料的搜集达到良好的宣传效果才是应有之义。目前，葫芦庐已制作了《舌尖上的葫芦庐》等纪录片，但宣传效果有限，且重在宣传葫芦宴，整体性地介绍范制葫芦与葫芦主题公园的宣传成果较少，人们对范制葫芦文化的产业成果缺乏必要的了解，因此也较难拉动内需，促进经济增长。

第三，以葫芦小镇为代表的产业园区有待进一步规划。葫芦小镇建成不久，但已经初具规模，产业理念也非常先进，不仅一二三产业齐全，而且网络店铺、微信公众号齐全，紧跟时代发展新动向，所做出的成绩可以说有目共睹。但是，葫芦小镇与成熟的文化旅游村还有一定距离，小镇内虽然已经有一些规划，但内容不够丰富，抓人眼球的项目少，最引人瞩目的还是葫芦艺术品的展示。人们来到葫芦小镇，最主要的还是在中国葫芦博物馆内参观，其他的活动都相对次要，虽然园内设有采摘种植区，但植物的多样性远远不够，而且园内的植物也以能食用的为主，观赏性的较少。葫芦是季节性植物，能够观赏采摘的季节有限。华北地区气候偏寒冷，冬日漫长，如何最大化地增加主题公园的生机，是不得不考虑的一个问题。如今最紧要的，一方面是加强葫芦小镇的规划，包括种植方面与人文方面，做好宣传与设计，不仅让人们能在葫芦小镇欣赏到顶尖的葫芦艺术品展，更能通过一系列农家趣味活动，感受到与城市截然不同的魅力与乐趣；另一方面是将葫芦小镇真正做成一个全国葫芦文化的交流中心，扩大影响力，而不仅是葫芦艺术品的展示中心。葫芦小镇的管理者还可以以此为基础，成立葫芦艺

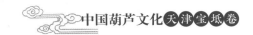

人、葫芦爱好者交流基地，做成集展示中心、交流中心、信息发布中心于一体的平台。虽然葫芦小镇的社交媒体并不缺乏，一些论坛账号创建时间也很早，但由于人员限制，活跃度不高，因此，社交网络也完全可以由专人打理，以此为基础，与研究团队配合，逐渐形成受众众多的社交网络圈。

第四，国际交流有待加强。虽然我们可以从中国葫芦博物馆中看到不少国际交流成果，但更多的是葫芦技艺方面的交流讨论，在葫芦文化产业化方面，同样可以对国外先进经验进行学习交流，取人之长，补己之短。

第三节　范制葫芦文化的产业发展

一、范制葫芦创意产品的推出

1. 葫芦宴

葫芦庐不仅将葫芦作为工艺品进行开发，还密切结合当下人们对饮食的旺盛需求，推出具有上百道菜的葫芦宴。游客可以在葫芦小镇游玩之余，品尝到各种新奇的美味佳肴。除了上文已有介绍的葫芦酒，葫芦宴还包括烤葫芦、清蒸葫芦、葫芦馒头、葫芦饮品等五花八门的食品和饮料种类。将葫芦与火锅完美融合"福禄锅"更是受到了远近游客的欢迎，很多游客不辞辛苦，自驾前来品尝福禄锅。不少美食专家也对福禄锅赞不绝口，国际餐饮协会副会长、国际烹饪大师、中国药膳大师、七里海河蟹面传承人于德良先生曾专程

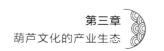

来到葫芦庐艺术馆品尝福禄锅，对福禄锅评价颇高。原天津抗衰老协会会长王鸿林到葫芦庐参观，对葫芦庐的葫芦酒和福禄锅更是赞不绝口，对于其抗衰老的保健作用，给予了充分肯定。

除了美味的葫芦宴，葫芦庐还制作了包装精美的葫芦干，可以作为赠送亲友的佳品。

2."心有慈悲，方得福禄"匏盏

如果说手捻葫芦、葫芦宴都是亲民易得的产业化成果，那么凝聚非遗传承人赵伟先生心血的"心有慈悲，方得福禄"匏盏则是葫芦高端产业化的集中体现。以"心有慈悲，方得福禄"匏盏为代表的非遗文创产品被外交部选为国礼，被天津市选为天津礼物，被北京市选为长城礼物，被张家口市选为张家口礼物，被天津博物馆、天津自然博物馆等国内多家博物馆选为合作产品。

赵伟先生介绍，匏盏将瓷器与葫芦完美融合，匏盏以纯白无瑕的陶瓷为里，寓意为"心有慈悲（瓷杯）"；以精美的范制葫芦做壳，花纹精巧细腻，并将瓷杯紧紧包裹，寓意为"方得福禄（葫芦）"。二者紧密结合，传递的正是我国优秀的传统文化——"心有慈悲，方得福禄"，为人做事心存善念，多行善事，怜悯众生，人生才能多有福报，平安顺遂。

赵伟先生提到，前些年出访葡萄牙，自己携带的三个"心有慈悲，方得福禄"匏盏被高价拍下。赵伟先生也没想到，自己做出的匏盏在葡萄牙会受到如此追捧，毕竟葡萄牙的生活水准在欧洲算不得上乘，花高价购买文创产品还是比较奢侈的，被拍下的三个匏盏本来只是作为交流展示之用。

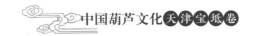

但这恰恰说明，艺术的魅力是无国界的，凝聚心血的艺术品不仅可以作为传承中华优秀文化的手段，也可以带来一定的产业价值。

二、范制葫芦产业园区的建设

天津市宝坻区大钟庄镇牛庄子旅游村是葫芦庐的所在地，目前已在葫芦庐原有基础上打造了集生态文化、非遗传承、创意产业为一体的葫芦主题公园。葫芦主题公园目前也是国内最重要的以范制葫芦为特色的产业园区，另外，以葫芦主题公园为基础的葫芦文化传播公司、葫芦庐餐饮公司、葫芦庐农业发展公司等也在 2015 年正式成立，以求全方位打造范制葫芦的衍生产业和衍生产品，形成完整的产业链条。

除此之外，葫芦庐从 2013 年开始，在天津市河北区1946 创意产业园内成立葫芦艺术馆；2014 年，与甘肃省敦煌市签订合作协议，在拥有灿烂文化的敦煌建立中国葫芦展示基地；2016 年与南戴河合作建立葫芦庐传习所；同年，在天津爱琴海购物主题公园建立葫芦庐旗舰店，成为天津首家进驻商业广场的非遗产业。在国际上，葫芦庐同样打下了一定的产业基础：2015 年在法国巴黎文化中心、十三区政府展示范制葫芦，在小丘广场售卖范制葫芦；2016 年受邀参加美国第二届匹兹堡中华文化节，并在当地建立葫芦庐传习所。可以说，葫芦庐的范制葫芦无论是在国内还是在国外，都有一定的产业根基，这也为将来范制葫芦文化进一步发展壮大奠定了良好的基础。

第四章
范制葫芦文化的新时代传承

　　范制葫芦文化在我国拥有悠久的历史，更难得的是，在曲折的历史发展过程中，即使经历战乱与天灾，其传承也并未中断，甚至在不停地向前推进。范制葫芦文化作为中国葫芦文化的一个重要分支，作为我国传统民间文化和民间手工技艺发展的一个缩影，体现了中华文化的源远流长、博大精深，更集中展示了中华文化与中国人民身上的韧性。

　　新时代背景下，将范制葫芦文化向前推进一步，离不开文化的交流与融合。而文化交流、文化互通也是"一带一路"倡议下实现沿线国家民心相通的必然条件和必经之路。而在"一带一路"倡议下，如何体现中华文化的精髓，如何让其他国家、地区的人民认识中国、了解中国并欣赏中华灿烂多彩的文化，最终达到共同繁荣的目的，这也是一个摆在眼前的问题。天津宝坻作为范制葫芦文化的重要起源地，在为范制葫芦文化发展提供优良环境的同时，也为其产业化发展提供了助推力。

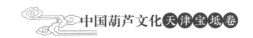

　　事实上，以范制葫芦文化为代表的葫芦文化并不难找到知音。历史上，"一带一路"沿线国家和地区均有种植葫芦、使用葫芦并将葫芦作为艺术品的历史，并且也创造了丰富多彩的葫芦艺术品和葫芦手工技艺，与葫芦相关的民间神话传说更是不胜枚举。葫芦文化作为一条天然的精神纽带，联系着我国和"一带一路"沿线各个国家和地区，因此，葫芦文化提供了一个良好的契机，"一带一路"沿线各国和各地区可以以葫芦文化为桥梁，增强文化互信，消除误解与偏见，以节日节庆活动提高文化交流成果，并肩努力，在交流过程中融通互鉴，各取所长，各补其短，为各自文化的发展注入源源不断的活力。在具体交流过程中，建立产业化平台，在宣传葫芦文化的同时，规范葫芦交易市场，健全知识产权保护体系，实现范制葫芦文化的良性发展。

中国葫芦文化重要起源地研究课题成果知识产权在中华人民共和国国家版权局登记

第一节 "一带一路"倡议与文化传承

2013 年，习近平主席在访问中亚和东南亚国家期间，提出了共建"丝绸之路经济带"和"21 世纪海上丝绸之路"的倡议，这两个倡议后来被概括为"一带一路"倡议。此倡议得到了各界的关注与积极反馈。几年来，在沿线各国人民的共同努力下，"一带一路"各项具体建设工作逐渐得以落实，而硬件的建设如何与文化的交流融合相结合，是目前不得不思考的问题。

"一带一路"倡议下的文化交流互通建设，要求我们首先做好自身的文化建设工作。中华文化源远流长，在历史的长河里闪烁耀眼的光芒，无论是高居庙堂的诗文策论、书画古玩，还是低回婉转的民间词曲，或是散落在无数民间艺术家手中的宝贵非物质文化遗产，可以说，中华文化从来没有黯淡过。然而在西方主导的话语体系下，我们缺失的往往不是优秀的文化，而是对优秀文化的欣赏与体认。费孝通先生曾说："文化自觉只是指生活在一定文化中的人对其文化有自知之明，明白它的来历，形成过程，所具的特色和它发展的趋向，不带任何'文化回归'的意思，不是要'复旧'，同时也不主张'全盘西化'或'全盘他化'。自知之明是为了加强对文化转型的自主能力，取得决定适应

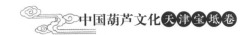

新环境、新时代时文化选择的自主地位。"❶ 费孝通先生所说的这种"文化自觉"正是新时代我国文化发展与建设所应争取达到的目标。在这种"文化自觉"的状态下，我们不会被假文化、假国学带偏航向，就如一些所谓的国学班打着发扬传统文化的旗号，所行的却是用"女德"等糟粕对少年儿童洗脑的恶行；也不会以复制抄袭他国文化创意为荣，被指责后还要美其名曰"向经典致敬"；更不会提到"文化强国"想到的就是给孩子们缩减外语课程比例，仿佛不交流、不借鉴，本国文化就自然可以高枕无忧。毫无疑问，只有先建立对自身文化的恰当认知，才能以平和的态度与其他各国文化交流互鉴、协同发展，最终才能构建各国共同发展的文化秩序与文化体系。

　　文化交流的过程当然也是为自身文化注入活力的过程，文化在交流中不断丰富，不断发展，中华文化能拥有如此灿烂辉煌的成果也是中华民族五十六个民族共同努力的结果。葫芦文化就是一个非常典型的例子。天津宝坻的范制葫芦是葫芦文化的一个重要组成部分，但在我国其他地域，同样存在一些优秀的葫芦文化传统与葫芦手工技艺，有待人们挖掘并将之集聚，这也是葫芦庐创立中国葫芦博物馆的用意所在：为所有钟情葫芦文化的人提供一个交流学习的平台，在交流中拓展视野、精进技艺，将葫芦文化真正发扬光大。

❶　费孝通 . 反思・对话・文化自觉［J］. 北京大学学报，1997（3）.

第二节 作为精神纽带的葫芦文化

除了我国，还有不少国家对葫芦具有深厚的情感。葫芦营养价值丰富、易于栽种、用途多样，不难得到各国人民的喜爱。季羡林先生曾说过："葫芦文化不限于中华民族圈子内，它是国际的。"❶此论断可以在各国辉煌的民间文学宝库中得到充分印证。

印度著名史诗《罗摩衍那》中有这样的诗句："须摩底呢，虎般的人！生出来了一个长葫芦，人们把葫芦一打破，六万个儿子从里面跳出。"❷此史诗与我国南方很多少数民族的艺术作品相似，都认为葫芦与人类的起源息息相关，人一开始都是从葫芦中走出来的。

朝鲜民间故事《劈葫芦的女人》中同样有关于葫芦的重要情节：一位年轻女人看到一只燕子从房梁上摔了下来，摔坏了翅膀，女人心善，帮燕子包扎伤口并将它送回窝里。燕子康复后，为了报恩，便为女人衔来几枚葫芦种子，女人将种子播撒在地里，不久便长出了巨大的葫芦。女人将葫芦劈开，里面竟都是金银珠宝，女人从此衣食无忧。隔壁的恶女听说此事后，也想效仿，便故意将房顶的燕子打落，并为燕子包扎。不久，燕子也带来一些葫芦种子，恶女欣喜若狂，

---

❶ 转引自：游琪，刘锡诚.葫芦与象征[M].序言.北京：商务印书馆，2001.

❷ [印]蚁垤.罗摩衍那[M].季羡林，译.北京：人民文学出版社，1980:210.

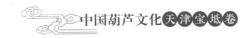

也将葫芦种子撒到地里，种出了大葫芦。恶女将葫芦劈开，葫芦中扑出一条毒蛇咬死了恶女。这个故事与蒙古族民间故事《金鹰》有些类似，所不同的是，《金鹰》中葫芦仅仅是蕴藏宝藏的宝物，而《劈葫芦的女人》则指出，葫芦中蕴藏的可能不只是宝藏，还有可能是厄运，决定葫芦内容好坏的，是人心的善恶。善有善报，恶有恶报，恶女以为能够效仿善女得到金银珠宝，没想到一番苦心终是自掘坟墓。这一主题在多数民间故事中都可以找到。

类似的故事还有日本的《麻雀报恩》，只是将燕子换成了麻雀，主角由年轻女人换成了老太太，不变的是燕子和麻雀为了报恩都衔来了一些葫芦种子，种子种下，都长出了含有宝物的大葫芦。这样的故事安排，一方面与葫芦个大能容有关，另一方面也可说明葫芦在不少国家都非常常见。

天津宝坻的中国葫芦博物馆中同样展出了不少国外的葫芦，葫芦不仅作为果腹的食品和实用的器物为各国人民所喜爱，其艺术性也早已被海外各国人民充分挖掘。与我国古代西域相连的中东诸多国家和地区，都有将葫芦作为艺术品的工艺历史，如阿拉伯、土耳其等国家都有将葫芦做成烟具和装饰品的传统，阿富汗则习惯于将葫芦做成精美的鼻烟壶（这与范制葫芦的主要用途之一不谋而合）。另外，日本、美国以及南美一些国家和地区也都有丰富多彩的葫芦文化。

以美国为例，美国的经济高度发达，人民生活水平高，对艺术的追求往往也更为执着，不少退休的老年人或青年艺术爱好者自费开办艺术工作室，组织艺术工作者协会（但从整体比例上来看，还是老年人占多数，葫芦艺术对他们来说并非谋生的工具，而是需要投入不少金钱和精力的业余爱好，他们真正做到了"为艺术而艺术"）。美国葫芦协会也是这众多艺术工作者协会之一。美国葫芦协会不仅艺术水准一流，而且聚集了相当一批葫芦艺术家，活跃度极高，平均每个月都有两到三次大型艺术活动，活动形式多种多样，有葫芦乐器表演，有葫芦工艺培训，有艺术品展览，有艺术大奖赛，等等。目前，美国已经有三十多个州设立了葫芦协会，全国有会员近十万人，州协会下又分设众多小型协会和活动小组，灵活的组织形式让参与方式更加灵活多样。协会的性质也是非营利的，其目的纯粹是为了给葫芦艺术家设置交流发展的平台，促进葫芦艺术的高水平发展。协会设有会刊，只要定期交纳会费便可获得。协会还会定期录制光盘、出版书籍和资料，供各位艺术家和爱好者学习切磋。

可见，葫芦文化可以作为一道文化纽带，连接我国与其他国家。中国葫芦博物馆中展出不少国外葫芦工艺作品，虽然未曾对其有所了解，但却不妨碍人们欣赏这些作品的美。艺术从来都是相通的，不需要过多的言语解释。同样的道理，我国的葫芦艺术已经高度发展，完全可以得到其他国家地区人民的欣赏和认同。

由于篇幅限制，本书所能介绍的葫芦工艺只是一小部分，其精巧之处也难以用三言两语讲清楚，只有身临其境才能切切实实地感受到葫芦艺术的博大精深。中国和不少国家在葫芦工艺、葫芦意涵等问题上本来就存在颇多共同点，很多民间故事的流传绝不局限于某一地域，葫芦工艺的生命力也远比人们想象得顽强。因此，葫芦文化可以作为增进不同国家之间文化认同感的入手点。

非遗传承人赵伟先生也提到，其实从艺术性或收藏价值

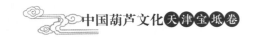

方面来看，国外的葫芦未必就比国内的葫芦好，国外的葫芦往往更强调实用性和观赏性，其工艺手法却不如中国的葫芦工艺细致，文化内涵也较弱。但有一点，国外的葫芦是非常值得我们学习的，即葫芦艺术的普及性。对于国外的葫芦爱好者而言，他们并不希望一些初学者因为繁复的技艺手法望而却步，而是尽量将入门技法解释清楚，让周围更多人认识和了解葫芦文化。我国葫芦文化若要求发展求创新，这种文化的普及性是需要学习的。

如今，高度活跃的文化氛围不仅要求我们欣赏和体认我国优秀文化，还要怀有开放的心态、积极和包容的态度，对国外有代表性的葫芦文化进行识别、搜集，发现其长处，积极与之进行交流对话，审视自身发展与宣传的不足，取长补短，交流互鉴，以葫芦文化为起点和纽带，推动文化共同发展，实现互利共赢。

第三节　范制葫芦文化与交流互通

葫芦在中华文化中占有非常重要的位置，是中华五千年灿烂文明的重要组成部分，甚至很多民族至今仍认为葫芦与人类的起源息息相关，葫芦作为中华文化的一个符号，其重要性不言而喻。葫芦文化在"一带一路"沿线国家的普遍性，也决定了其作为中国与"一带一路"沿线国家精神纽带的可行性。

范制葫芦文化在我国具有悠久的工艺美术历史，是中国葫芦文化重要分支。同时，范制葫芦也是天津宝坻的重要非物质文化遗产项目，是葫芦庐几代传承人投入心血最多的葫芦工艺门类。范制葫芦技艺作为中国葫芦文化的代表性技艺，葫芦庐的范制葫芦技艺代表着我国手工艺的巅峰水准，这样也就不难理解为何以"心有慈悲，方得福禄"匏盏为代表的葫芦庐非遗文创产品会被外交部选为国礼。毫无疑问，范制葫芦文化是值得人们注意和投入精力发展的。综合本书第三章的论述，范制葫芦文化亟须在交流融通中构建产业新模式，真正将葫芦庐优质的文化产品与现代化的产业模式相结合。这种交流沟通，既包括国内艺术爱好者们的集聚，也包括国际范围内的交流平台的搭建。

需要注意的是，以"一带一路"倡议为代表的国内外交流合作平台的搭建，其作用绝不仅仅在于拓宽艺术家们的视野或是形式上的交流建设。"一带一路"倡议可以为沿线国家和地区提供非常多的文化产业化平台，具体来说，有葫芦文化交流平台、葫芦艺术品拍卖平台、知识产权交易平台等。平台的搭建有利于我国葫芦文化市场的规模化、规范化。完全靠市场的自我规律很容易造成交易市场的混乱，而且市场自我调节耗费时间长，调节的效果也未必尽如人意，其间可能要付出的惨痛代价是不可估量的。国外市场模式的搭建方法可以为范制葫芦文化产业化提供精英范本，减少走弯路的可能性。

范制葫芦是一门极为特殊的工艺，其特殊之处就在于其批量生产的难度更高，进而加大了市场自我调节的难度。范制葫芦虽然与国画等艺术门类有一定相似之处，如都常以山水、人物、植物为创作内容，但范制葫芦却是种植的工艺，

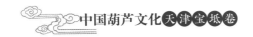

需要在生长过程中就对其进行干涉，而国画创作完全不用关心纸的成型过程，只需找到适宜创作的纸品挥毫泼墨即可。在如今物质极大丰富的时代，纸品的供应还是有保障的。概括来说，范制葫芦的生长过程与创作过程有一部分是重合的，艺术家不仅要事先打好草稿，完成草图，还要懂得借助自然的力量进行创作。也因为自然的力量往往不可控制，所以，范制葫芦的失败率要远高于国画等艺术门类。国画只要心中有丘壑，或是提前打好草稿，失败率是极低的，即使画出来作品不能让艺术家满意，但仍有一定艺术性和欣赏价值，不至于沦为"废品"。范制葫芦则不然，其耗损率相对较高，因此生产难度也大，市场调节的灵活性也较低，原因很简单，因为耗损率是不固定的，如果未来产业化发展，批量供货，为了确保供货，宁愿有余也不能少。另外，葫芦的生长也有个过程，需要较长的产业周期才能完成完整的产业过程，因此市场调节也有一定的滞后性。因此，鉴于范制葫芦的特殊性，通过国际交流达到产业指导的目的，不仅是有益的也是必要的。

另外，范制葫芦文化的知识产权保护目前在一些具体问题、具体措施上也存在盲区。艺术品的知识产权保护本来就是一个难题，各种"仿制""赝品"也在一直困扰艺术家们，难以将其根治。因此，一方面在交流中加快产业化的建设，另一方面不断规范范制葫芦艺术品市场，是范制葫芦文化新时代背景下产业化发展的重点与目标。

第四节　范制葫芦文化的市场营销

　　以产业发展与产业营销带动相关文化的发展，无疑是当今环境中最优良的发展模式。在经济与网络快速发展的今日，文化产业的营销也至关重要。虽然古语有云："酒香不怕巷子深。"但现在早已不是物质匮乏的年代了，人们往往没有耐心去寻觅真正的"美酒佳肴"，而更愿意选择近在咫尺的"快餐小食"，因此，做好文化产业的营销工作是相当重要的。

　　举例来说，近几年较火的"故宫文创"可以说是文化产业市场营销的典范。早在 2013 年，当时智能手机尚处于普及阶段，人们渐渐开始熟悉那种"动动手指就可以获取大量信息"的交流沟通模式，不少自媒体也初登舞台，人们开始明白，原来很多消息不再需要通过报纸和电视就能传达，一些网络社交媒体不仅更新速度快，而且内容丰富有趣，更贴近年轻人的心。就是在这样的背景下，故宫找到了文化产业营销途径，搭建起一个开放的产业链。2013 年 8 月，北京故宫博物院举办以"把故宫文化带回家"为主题的文创设计大赛，不少文化创意产品就此诞生，"朕就是这样的汉子"文化折扇等创意产品进入人们的视线，打破了以往人们对于宫廷的刻板印象，人们也是由此开始尝试用另类的眼光解读古代宫廷文化。以此为起点，故宫创造了无数的"文化爆款"，如近几年来为人熟知的《我在故宫修文物》《国家宝藏》等

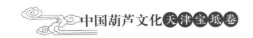

纪录片。观众通过纪录片，零距离接触故宫文物，过去"高高在上"的宫廷古董，慢慢变得"接地气了"。更不用说后来推出的故宫彩妆和面膜，虽然单品要价不低，但销售额却是惊人的。这说明如今的消费者是有相当高的购买力的，只要文化产品足够精致，足够打动人，会有大量人愿意为此买单。

文化产品蕴含的经济价值是惊人的，作为非物质文化遗产的范制葫芦文化同样可以创造不菲的经济收益。重要的是找准时机、讲好故事、做好产品，这三点缺一不可。首先，找准时机意味着要把握当下发展机遇。故宫文创发展时正是自媒体刚刚开始发展的时候，因此"朕就是这样的汉子"这类新颖的文案能够迅速受到传播和追捧。而如今，自媒体发展已有近十年的时间，人们接触到的新颖文案不少，要让人耳目一新的难度愈发大了，范制葫芦文化的市场营销要更多地利用旅游 vlog 等传播方式，让更多人了解范制葫芦文化，并愿意来葫芦庐亲身体验。其次，讲好故事指的是挖掘文化本身的亮点。人们过去对故宫的认知一般停留在华丽的紫禁城和高贵典雅的故宫文物这些"死"的东西上，但后来"朕就是这样的汉子""盖章狂魔"这样的营销文案让更多普通人了解到，原来看似冰冷的皇宫中也有这样的"真性情"，也是充满趣味和小情绪的，以此为卖点的扇子、书签自然不愁销路。类似的，范制葫芦文化也应挖掘其背后动人的故事，不一定非要追求文案的新颖，但贴近生活、容易让人产生共鸣是必要的。最后，做好文化产品是最后一环，也是最重要的一环。产品粗制滥造，故事再动人也无用。其实，文创产品不同于生活消耗品，人们并不会天天使用，一般还是作为装饰品摆放在特定位置，因此，只要细节上是精致的，就可以说是合格的文化产品。

综上所述，范制葫芦文化应当将市场营销作为发展与突破的重要机会，以经济发展的成功带动文化的传承与发展，求得文化链的良性互动。

结语

　　葫芦作为一种经济实用的植物，在我国具有悠久的种植历史和深厚的群众基础。人们在食用葫芦的同时，也将葫芦的日用功能发挥到极致：瓢、茶具、碗、药瓶、花瓶、鼻烟壶、虫具等，不计其数。在物质没有那么发达的古代农业社会，葫芦在人们的生产生活中扮演着极其重要的角色。葫芦的慷慨换来了人们不尽的感恩与歌颂，勤劳朴实的中华人民，不仅愿意写文作诗赞美葫芦，更积极发挥想象力，将葫芦与人类的起源、发展联系起来，创造出无数优美动人的传说与故事，口口相传，直至今日。如今，即使人们不刻意提起，我们也可以从诸多民俗习惯中了解到葫芦对我国人民的重要意义。

　　人们对葫芦的使用及工艺开发从未停止。就葫芦而言，当它的作用不再单纯是实用，而为了陶冶人们的情操，具有观赏性的时候，葫芦工艺及工艺品也就应运而生。在所有葫芦工艺中，范制葫芦工艺是历史最为悠久的。范制葫芦，指

的是在葫芦还未完全生长发育时，用模具套住葫芦，使其无
法自然生长，而只能在模具有限的空间内生长成熟，人们最
终通过后天的影响得到自己需要的葫芦形状。目前比较通行
的说法认为，范制葫芦应该在唐朝就已经出现。可惜后来范
制葫芦工艺发展缓慢，甚至一度失传，直到明朝才重新开始
有了史料记载。明清两代较为稳定的内部环境为范制葫芦的
发展提供了条件，尤其是康乾盛世时期，范制葫芦工艺大放
异彩，达到顶峰。直到今日，故宫博物院中仍有范制葫芦的
珍贵藏品。

范制葫芦工艺虽然在康乾时期大放异彩，但后来的帝王
多对范制葫芦不甚喜爱，范制葫芦工艺因此在宫廷内逐渐止
步不前，直至同治光绪年间彻底衰亡。然而，可喜的是，范
制葫芦虽然在宫廷中消亡，但不少技艺高超的宫廷匠人流向
民间，并在民间继续发展传播范制葫芦工艺，范制葫芦文化
也因此得以传承下来。天津宝坻也正是在此时开始成为范制
葫芦文化的重要基地。天津因漕运、通商之便利，加上临近
北京，深受晚清八旗文化影响，玩虫斗虫之风甚盛，聚集了
大量蓄养鸣虫的玩家，因此虫具的需求量非常大，天津的范
制葫芦也以范制虫具为主。同时，因为临近北京，对宫廷中
范制葫芦技艺的传承也有先天的地理优势。非物质文化遗产
传承人赵伟先生的太爷爷赵锡荣也正是在此时来到河北学习
葫芦技艺，并最终决定在具有通商优势的天津定居，并在天
津宝坻建立工作室——葫芦庐。另外，天津当时盛行在理
教，在理教不拜神佛拜葫芦，信徒不仅家中均需供奉葫芦，
还需要在葫芦上刻上姓名和信奉的内容，这也直接促成了葫
芦工艺在天津的繁荣昌盛。赵伟的二爷爷赵广玺便是当时天

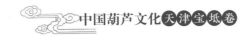
津著名的葫芦手工艺人。

如今，天津宝坻依托重要的地理位置和丰富的地产资源，经济快速发展，一二三产业携手并进，为范制葫芦文化的发展提供了稳定的外部环境。范制葫芦第四代传承人赵伟不仅传承百年葫芦庐范制葫芦文化，还锐意进取，不断改良、创新范制葫芦技艺，用8年时间培育出整套的十二生肖八不正范制葫芦，还种出了上面缩结下面范制的葫芦；他研发的2厘米长的小葫芦和3米长的大葫芦已申报葫芦新品种。更难得的是，赵伟打破了传统手工艺"传内不传外，传男不传女"的藩篱，广收学徒，培养出一批非常优秀的青年传承者，为以范制葫芦为代表的葫芦文化发展作出了杰出的贡献。同时，葫芦庐已不再仅仅是艺术工作室和范制葫芦的重要品牌，以葫芦庐为基础的葫芦主题公园已正式建成。不同于普通的公园，葫芦主题公园是基于对优秀非物质文化产业项目在继承的基础上实现保护性开发的特色文化产业项目，是集生态文化、非遗传承、创意产业为一体的休闲体验式主题公园。葫芦主题公园的建成意味着以范制葫芦为代表的葫芦文化从被动传承向主动发展过渡，产业化的构建必然将葫芦文化推向一个新的发展阶段，诸多文化交流活动、相关文化产品也必将为葫芦文化的蓬勃发展添砖加瓦。

综上所述，无论是过去还是现在，天津宝坻都是中国葫芦文化不可忽略的篇章，因此，将天津宝坻作为中国葫芦文化的重要起源地和范制葫芦文化的重要起源地是完全合理的。相信在新形势下，范制葫芦文化不仅可以成为天津文化产业发展的重点和希望，也会是我国文化进行国际交流时的桥梁和纽带，在广阔的舞台上释放耀眼的光彩。

参考文献

［1］费孝通.反思·对话·文化自觉［J］.北京大学学报，1997（3）.

［2］游琪，刘锡诚.葫芦与象征［M］.北京：商务印书馆，2001.

［3］闻一多.伏羲考［M］.上海：上海古籍出版社，2006.

［4］赵伟.葫芦收藏与鉴赏宝典［M］.北京：化学工业出版社，2009.

［5］赵伟.葫芦工艺宝典［M］.北京：化学工业出版社，2008.

中国起源地文化志系列丛书

从人类发展的历史规律来看，任何一个民族，步入繁荣兴盛的新阶段，都会伴有文化的复兴，而每一次复兴都有一个共同点，那就是他们的文化重心会回到这个民族历史文化的源头，也就是起源文化。对起源文化的探究，会让一个民族寻回自身的文化基因，从文化中获得警示，从文化中汲取力量，从民族根性文化和源头文化之中去挖掘原生的动力和潜力，然后得到再创造、再发现、再前进的源发性活力与动力。

　　循着这一思路，《中国起源地文化志系列丛书》按照主题梳理各类物质、非物质文化现象的起源和发展，将该文化现象的历史溯源、地理环境、发展脉络、时空传播、资源特色、民俗特征、品牌成长等进行系统挖掘整理，以文化起源及其生长、发展、演变为核心，通过组织相关学科专家学者开展实地田野考察、综合史料典籍加以分析，形成科研成果报告式著作，并对起源地文化的保护、传承、产业发展提出大量切实可行的建议，具备重要的科研、科普、教育、收藏价值，可为地方文化产业发展、知识产权保护提供思路和案例，并为区域经济社会发展和城市建设提供参考。

该丛书吸收国内各相关学科专家学者组成专家库，负责选题策划、专题研究、田野考察和成果论证，努力为形成文化起源地研究智库做出探索。

中国葫芦文化重要起源地研究课题组专家对本书的编写与修改完善给予了悉心指导和严格把关，提出了很多宝贵建议。同时，本书还征求了广大专家学者及葫芦文化、范制葫芦文化爱好者的意见。在此，向课题组专家、学者以及葫芦文化、范制葫芦文化爱好者表示感谢。

葫芦文化、范制葫芦文化凝聚着中华民族的智慧，是民族文化基因的重要组成部分，承载着华夏文明的价值风范。作为最能体现中华民族特色的植物，葫芦拥有者丰厚的文化内涵，其演变进程也是中华文明史的发展的历程。《中国起源地文化志系列丛书》之《中国葫芦文化·天津宝坻卷》对于深入挖掘中华民族优秀传统文化蕴涵的思想观念、人文精神、道德风范，实现创造性转换创新性发展，让中华文化展现出永久魅力和时代风采具有划时代意义。

《中国起源地文化志系列丛书》之《中国葫芦文化·天津宝坻卷》的编写系公益性的学术研究，是一批志同道合的葫芦文化爱好人员，对葫芦文化、范制葫芦文化的起源、发展脉络、研究成果等进行了相对系统的梳理，旨在对葫芦文化、范制葫芦文化的相关研究、保护和创造性转化创新性发展提供一定的资料和建议参考。由于时间和参与人员的知

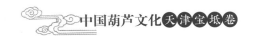

识、能力有限，难免会出现一定的疏漏和谬误，敬请广大读者批评指正。本书参考了大量专家的学术成果，部分图片和文献来自网络，除了文中注明的参考文献和专家名字外，有的未能与作者取得联系，如有版权问题请及时与编者联系，再版时一并更正、一并感谢。

葫芦文化、范制葫芦文化源远流长，中国葫芦文化、范制葫芦文化的研究是葫芦文化传承与创新的重要实践，并将随着时代的发展历久弥新。未来，愿我们一道继续研究、传播、发展葫芦文化、范制葫芦文化，讲好中国故事、讲好葫芦文化故事。

刘德伟　李竞生
二〇二一年三月于北京

起源地文化传播中心简介

起源地文化传播中心于 2015 年 11 月正式批准成立，以探寻中华起源，增强文化自信为宗旨，主要职责是组织中国起源地智库专家研究梳理各物质、非物质文化的起源，跟踪中国起源地文化动态，把握中国起源地文化发展理念、趋势、机制和特点，就中国起源地文化的发展，各区域内的物质和非物质领域等进行实地调研和发展策略研究，是起源地文化产业研究与发展的专业机构。

起源地文化传播中心紧紧围绕"探寻中华起源，增强文化自信"这一宗旨，主要以起源地文化与知识产权，起源地文化与品牌建设，起源地文化与守正创新，起源地文化与产业融合发展为核心，开展专项课题研究、研讨会、培训、论坛，文化创意产业规划策划，乡村振兴规划策划，品牌文化建设与推广，起源馆的规划与运营，知识产权体系规划策划，起源地信息数据标准化推广，大型活动策划与运营等文

中国起源地文化志系列丛书

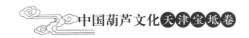

化产业相关业务。

中国起源地智库专家委员会

起源地文化传播中心汇集专家团队构建中国起源地专家智库，目前，中国起源地智库专家达到 270 余位，汇集了国务院发展研究中心、中国艺术研究院、中国文联、北京大学、清华大学、中国科学院、中国社科院、中国农科院、中国人民大学、中央财经大学、中国传媒大学、浙江大学、上海大学等高校、研究单位，涵盖经济、文化、社会科学、教育、民间文化等领域，开展了 30 余项重大课题研究工作。

国务院发展研究中心中国起源地文化研究课题组

起源地文化传播中心与国务院发展研究中心东方所于 2016 年 3 月共同成立中国起源地文化研究课题组。课题组组长分别由起源地文化传播中心主任、起源地城市规划设计院院长李竞生，国务院发展研究中心副研究员张晓欢担任。自成立以来，课题组秉承"唯实求真，守正出新"的核心价值，汇集融合国务院发展研究中心专家与中国起源地智库专家，通过运用国家政策导向研究起源地文化重大课题，赴浙江宁波、吉林四平、湖北襄阳、甘肃甘南等地进行实地田野调研并取得重要成果。

《中国起源地文化志系列丛书》编辑委员会

起源地文化传播中心与知识产权出版社于 2018 年 11 月共同成立《中国起源地文化志系列丛书》编辑委员会。根据《〈中国起源地文化志系列丛书〉编纂出版规范》已出版了《天妃文化在宁波》《中国旗袍文化·沈阳卷》《中国葫芦文化·天津宝坻卷》，今后将陆续出版《民间文化起源地探源与文化创意产业研究》《中国起源地名录》《中国精卫文化》等著作。

起源地信息数据标准化技术委员会

2020 年 9 月，起源地文化传播中心与中国科学院自动化研究所共同成立了起源地信息数据标准化技术委员会。起源地信息数据标准化技术委员会主任由起源地文化传播中心主任、起源地城市规划设计院院长李竞生，中国科学院自动化研究所人工智能与数字医疗中心主任、物联网与智能感知实验室主任李学恩担任。起源地信息数据标准化技术工作的开展为进一步建立和完善起源地文化事业和文化产业信息数据标准体系，推动起源地文化与科技相融合，为起源地文化又好又快发展奠定坚实基础。

中国民协中国起源地文化研究中心

中国民协中国起源地文化研究中心是由中国民间文艺家协会于 2016 年 5 月批准成立的起源地文化研究机构。由中

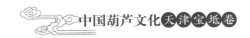

国民间文艺家协会、中国文联民间文艺艺术中心主管，接受中国文联、中宣部、文化和旅游部的业务指导。主要职责是梳理中华优秀传统文化脉络，记录各物质、非物质文化的起源，传承和发展中华优秀传统文化。中国民协中国起源地文化研究中心将继续保持与政府部门、研究机构和企业界的广泛联系和密切合作，用高水平的研究成果和咨询意见为政府和社会服务。

中国西促会起源地文化发展研究工作委员会

起源地文化传播中心与中国西部研究与发展促进会于2014年12月共同成立中国西促会起源地文化发展研究工作委员会，由全国政协副主席、中国西促会会长李蒙亲自授牌成立。主要职责是研究中国西部地区起源地文化事业及相关产业，促进我国东、中、西部融合发展，为国家"一带一路"倡议贡献力量。自成立以来，开展了"一带一路"探寻起源地文化万里行走进宁夏中宁、甘肃和文化扶贫、文化贸易等工作。

中国起源地网

中国起源地网（www.qiyuandi.cn）是由起源地文化传播中心主办的新媒体综合服务平台，涵盖了20余个频道和50余个主题，传播起源地文化声音，弘扬文化价值。目前，以中国起源地网为核心，申办了新华号、人民号、起源号、微信公众号、今日头条号、搜狐号、网易号、一点资讯号、百度号、企鹅号、凤凰号、抖音、快手等组成新媒体传播矩阵。中国起源地网立足于强有力的起源地文化传播优势，兼并自身传播的特色优势，以及新媒体的发展优势，完成了辐射受众群体和吸引大众关注视线的全方位人群覆盖，以服务心态赢得公众青睐！

中国起源地媒体联盟

中国起源地媒体联盟的主要职责是传播中华优秀传统文化，讲好中国起源地文化故事，让中华优秀文化走出去。截至目前，中国起源地媒体联盟由来自人民日报社、新华社、中央电视台、中国日报网、央广网、国际在线、中国网、光明网、中国台湾网、东方网、中国江西网、中国甘肃网、网易、腾讯网、新浪网、凤凰网等 241 位记者组成，共同传播起源地文化。完成全程跟踪报道中国起源地文化论坛、中国旗袍文化节、中国枸杞文化节、中国满族文化节等重大活动。发布了起源地文化原创稿件 10800 篇，转载了起源地文化新闻稿件 180000 余篇，阅读传播量累计达到 150 亿人次。

起源云——中国文旅科教云平台

起源云是新时代文化电商、知识付费创新型平台，是起源地文化传播中心旗下的中国文旅科教等行业的综合服务云平台，是起源地大数据库信息系统，是品牌、产品、文化、旅游、科技、教育等领域的源头数据库。提供源视频、源声音、源品牌、源文创、源产品、源作品、源思想、源课程、

147

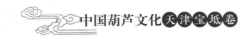

源直播、源资讯等内容，微信一键登录。起源云为广大用户提供起源号服务功能，各企事业单位可以在起源云上开设自己的云平台。目前，已取得国家工信部颁发的增值电信业务经营许可证和艺术品经营单位许可证等相关许可证件。

起源地文化传播中心自成立以来，完成了一系列具有重要价值和重大影响的研究成果，为国家和地方政府提出了大量政策建议，为起源地文化发展作出了贡献。同时，起源地文化的广泛传播为讲好中国故事，让中国文化走出去，传承、发展中华优秀传统文化起着越来越重要的作用。